U0209111

# 物理域安全优先的
# 工业控制系统主动防御

孙利民　石志强　潘志文　著
　　　　吕世超　李仕杰

科 学 出 版 社

北 京

# 内 容 简 介

工业控制系统日益成为世界上各国之间网络空间博弈的核心战场，工业控制系统安全防御存在未知、隐蔽攻击难发现的防护困境。物理域安全优先的工业控制系统主动防御深入工控攻击的本质，以防止攻击者干扰或破坏物理域为目标牵引，对防御机制进行体系化突破，将被动监测转变为物理域优先的三域协同监测，将被动防御转变为对抗式三域协同主动防御，通过阻止工控攻击在物理域产生实际效果，形成对未知隐蔽攻击的"最后防线"。

本书可供网络空间安全、工业控制系统安全等领域科研人员、工程技术人员以及研究生、高校教师阅读。

**图书在版编目（CIP）数据**

物理域安全优先的工业控制系统主动防御/孙利民等著. —北京： 科学出版社，2024.4

ISBN 978-7-03-078338-7

Ⅰ. ①物… Ⅱ. ①孙… Ⅲ. ①工业控制系统–安全技术 Ⅳ. ①TP273

中国国家版本馆 CIP 数据核字（2024）第 064754 号

责任编辑：赵丽欣 / 责任校对：王万红
责任印制：吕春珉 / 封面设计：东方人华平面设计部

科学出版社 出版
北京东黄城根北街 16 号
邮政编码：100717
http://www.sciencep.com

北京中科印刷有限公司印刷
科学出版社发行　　各地新华书店经销

*

2024 年 4 月第 一 版　　开本：B5（720×1000）
2024 年 4 月第一次印刷　　印张：5 1/4
字数：60 000

定价：68.00 元

（如有印装质量问题，我社负责调换）

销售部电话 010-62136230　编辑部电话 010-62135763-2010

# 前　　言

工业控制系统广泛应用在电力、水务、石油、化工、交通运输和军工制造等国家关键基础设施中，是保证国家关键基础设施自动化运行的神经中枢，事关国家安全、人民生活和经济发展。

随着世界上各国之间网络空间博弈的不断加剧，工业控制系统面临日益严峻的国家级、集团式攻击威胁。伊朗核电站、乌克兰电网和委内瑞拉电网等攻击事件彰显了工业控制系统网络攻击的专业性与破坏性。我国工业控制系统中存在大量来自国外供应商的"黑盒子"软/硬件，其核心内容不公开、改造权限不开放。工业控制系统防御体系在持续演进中防御效能稳步提升，但依旧面临"未知、隐蔽攻击难发现""国外、专用设备难防护""信息安全措施难部署"等防护困境。

工业控制系统是典型的信息物理融合系统，通过传感器感知物理对象状态，控制器根据预设的控制逻辑分析感知数据，进而操控执行器使物理对象状态达到预期。工业控制系统网络攻击的本质是造成物理对象状态的非预期改变，使工业控制系统物理域遭受干扰或破坏，导致产品质量下降、系统停机、设备损坏甚至人员伤亡等后果。为了便于深入分析工业控制系统的安全性，本书将工业控制系统进一步分为信息域、控制域和物理域，并提出工业控制系统的攻击途径通常是沿信息域向控制域渗透、在控制域实施篡改、在物理域产生破坏效果的过程。无论工控攻击的渗透过程如何复杂多样，攻击过程最终一定会造成物理域状态的非预期改变。

工业控制系统是目标明确的任务型系统,基于特定类型的生产任务进行设计,制定明确的业务流程和控制逻辑,并通过控制域设备严格执行业务流程,持续控制物理域中的执行器,将物理对象加工为生产任务所规定的产品或服务。本书将物理对象状态、执行器状态定义为物理域状态,进而将工业控制系统正常运行时的物理域状态定义为物理域白状态,并指出物理域白状态的变化由业务流程和控制逻辑决定,有着白状态变化可预知、白状态类型可穷举的特点。

本书针对工控攻击的本质,提出工业控制系统未知攻击的换域检测理念,将"信息域和控制域的未知隐蔽攻击难检测的问题"转化为"物理域状态异常的易检测问题"。基于物理域白状态的异常检测通过事先建立物理域白状态基线,持续计算物理域当前的预期状态与实际状态的偏差,进而识别物理域状态的非预期改变,实现对未知隐蔽攻击的有效发现。

本书提出物理域安全优先的工业控制系统主动防御体系,以防止攻击者干扰或破坏物理域为优先,通过确保物理域安全以阻止工控攻击产生实际效果。防御体系通过体系化构建物理域干扰与破坏的事先防范能力、三域异常事件的事中发现能力、异常事件的三域协同响应能力,形成预先抑制攻击、及时监测攻击、协同处置攻击的主动防御。

# 目　　录

# 术语中英文对照表

| 英文简称 | 英文全称 | 中文名称 |
|---|---|---|
| API | Application Programming Interface | 应用程序接口 |
| APT | Advanced Persistent Threat | 高级持续性威胁 |
| BPCS | Basic Process Control System | 基本过程控制系统 |
| CAD | Computer Aided Design | 计算机辅助设计 |
| CAM | Computer Aided Manufacturing | 计算机辅助制造 |
| CAN | Controller Area Network | 控制器局域网 |
| CLIK | Control Logic Infection Attack | 控制逻辑感染攻击 |
| CNC | Computer Numerical Control | 计算机数字控制 |
| CPS | Cyber Physical System | 信息物理系统 |
| CPU | Central Processing Unit | 中央处理器 |
| DCS | Distributed Control System | 分布式控制系统 |
| DLL | Dynamic Link Library | 动态链接库 |
| DNC | Distribute Numerical Control | 分布式数字控制 |
| ERP | Enterprise Resource Planning | 企业资源计划 |
| HMI | Human Machine Interface | 人机交互界面 |
| ICS | Industrial Control System | 工业控制系统 |
| IP | Internet Protocol | 互联网协议 |
| IT | Information Technology | 信息技术 |
| MAC | Media Access Control | 媒体访问控制 |
| MDC | Manufacturing Data Collection | 制造数据采集 |
| MES | Manufacturing Executive System | 制造执行系统 |
| NC | Numerical Control | 数控 |
| NCU | Numerical Control Unit | 数控单元 |
| OPC | OLE for Process Control | 过程控制的对象链接与嵌入 |
| PDM | Product Data Management | 产品数据管理 |
| PID | Proportional-Integral-Derivative | 比例-积分-微分 |
| PLC | Programmable Logic Controller | 可编程逻辑控制器 |

| 英文简称 | 英文全称 | 中文名称 |
|---|---|---|
| RTU | Remote Terminal Unit | 远程终端单元 |
| SCADA | Supervisory Control and Data Acquisition | 数据采集与监视控制 |
| SIL | Safety Integrity Level | 安全完整性等级 |
| SIS | Safety Instrumented System | 安全仪表系统 |
| SL | Security Level | 信息安全等级 |
| SRS | Safety Related System | 安全相关系统 |
| TCP/IP | Transmission Control Protocol/Internet Protocol | 传输控制协议/互联网协议 |
| USB | Universal Serial Bus | 通用串行总线 |
| WIA | Wireless Networks for Industrial Automation | 工业自动化无线网络 |

# 第1章 工业控制系统

工业控制系统（ICS，通称工控系统）是由计算设备和各种自动化控制组件共同构成的、确保工业基础设施自动化运行的系统，主要包括数据采集与监视控制（SCADA）系统、分布式控制系统（DCS）、可编程逻辑控制器（PLC）、远程终端单元（RTU）、计算机数字控制（CNC）系统、人机交互界面（HMI），以及确保计算设备和控制组件通信的组件等。

工业控制系统广泛应用在电力、水务、石油、化工、交通运输和军工制造等国家关键基础设施中，是保证国家关键基础设施自动化运行的神经中枢，对国家安全、人民生活和经济发展均有举足轻重的影响。美国、德国等西方工业发达国家已经制定了一系列政策和标准来加强工业控制系统安全，我国也通过一系列管理条例和政策法规把工业关键基础设施的网络安全纳入国家级监管范围。

## 1.1 工控企业的业务层次模型

工控企业的业务抽象模型往往采用层次化结构，如普渡参考模型（Purdue Reference Model[1]）、国际标准 IEC 62264-1 *Enterprise-control system integration-Part 1: Models and terminology* 中的层次模型[2]。国家标准 GB/T 22239—2019《信息安全技术 网络安全等级保护基本要求》[3] 参考了 IEC 62264-1 中的层次模型。如图 1-1 所示，工控企业的业务层次模型分为五层，从上到下依次是企业资源层、生产管理层、过程监控层、现场控制层和现场设备层。

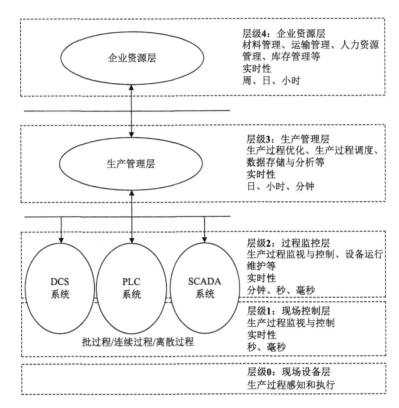

图 1-1 工控企业的业务层次模型

**企业资源层** 主要包括企业资源计划（ERP）、办公自动化等应用系统，涉及企业生产与经营管理需要的各类资源，用于为企业决策层提供决策支持和运营工具，其信息交换周期通常以周、日、小时为单位。

**生产管理层** 主要包括制造执行系统（MES）、产品数据管理（PDM）等应用系统，涉及具体生产过程管理相关的数据管理、生产调度、厂库管理等，其信息交换周期通常以日、小时、分钟为单位。

**过程监控层** 涉及对生产过程的监测与控制，主要包括监控服务器以及工程师站、操作员站等人机交互设备。工作人员通过操作工程师站和操作员站可向现场控制设备部署控制程序和下发控制命令，监控服务器可自动收集和分析现场控制设备的运行数据，其信息交换周期通常以分钟、秒、毫秒为单位。

**现场控制层**　主要包括工业控制现场的各类控制器单元，如 PLC、DCS 控制器等，利用预先设计的控制策略与算法，实现对现场的传感器和执行器的状态采集与控制，其信息交换周期通常以秒、毫秒为单位。

**现场设备层**　实现对工业现场物理实体和过程的感知与操作，主要包括工业控制现场的各类传感器与执行器，用于对生产过程中物理对象的状态感知与物理操作，使生产过程按照预期设想自动化运行。

以上业务层次模型中，企业资源层与传统信息系统的业务特性、防护需求和防护措施基本一致，与企业具体的工业控制系统的关联相对较弱。生产管理层、过程监控层、现场控制层和现场设备层涉及生产管理与工艺过程控制设计、控制逻辑的编写与分发、现场信息采集与过程控制、物理对象与物理环境等，是工业控制系统的主体。

SCADA、DCS 和 PLC 等典型系统应用于批过程、连续过程和离散过程控制中，处在工控企业业务层次模型的过程监控层和现场控制层，通过控制策略与算法实现对现场设备层被控物理对象的自动化运行控制，充当了工控企业工业过程自动化的神经中枢。

## 1.2　工业控制系统的信息域、控制域和物理域

工业控制系统是典型的信息物理系统（CPS），涉及信息域和物理域的协同工作，控制算法、控制组件、通信协议组件等在信息域，而传感器、执行器和物理对象等在物理域。工业控制系统通过控制设备与传

感器及执行器之间的协同工作，持续对物理对象实施状态监测和状态改变，最终将物理对象加工为产品或提供服务。

在工业控制系统中，现场控制层作为业务逻辑的执行中枢，对上接收操作命令和反馈运行状态，对下基于采集的物理域数据进行反馈控制，是连接物理域与信息域的纽带。为了深入地分析工业控制系统的安全性，可以将其划分为三个域：信息域、控制域和物理域，如图 1-2 所示。其中，信息域覆盖生产管理层和过程监控层，控制域覆盖现场控制层和现场设备层的可编程电子部件，物理域覆盖现场设备层的电气与机械部件。

（1）信息域

信息域主要由服务器、计算机终端等构成，包括 MES 服务器、SCADA 服务器、应用于过程控制的对象链接与嵌入（OPC）服务器、分布式数字控制（DNC）服务器、制造数据采集（MDC）服务器以及工程师站和操作员站等。信息域设备的硬件形态与传统信息设备相似，所运行的软件往往是支撑工业控制业务的专用工业软件，主要功能包括生产管理、组态编写、控制设备的运行和监控等。相比于控制域，信息域侧重于为现场人员提供 HMI，使工程师可对控制设备编制和下发控制程序、手动调整控制器的参数，以实现现场人员对控制回路的监视与控制。

（2）控制域

控制域主要由工业控制器构成，包括 PLC、DCS 控制器、安全仪表系统（SIS）控制器、CNC 控制器，以及工业自动化无线网络（WIA）的无线节点、控制器局域网（CAN）总线节点等可编程电子部件。控制域承担了对现场设备的实时反馈控制任务，收集并处理现场设备的实时信息与状态，将这些数据发送给信息域，同时能够根据预设的控制逻辑，对物理域设备（执行器）发出控制命令，实现对工业生产过程中不同环节的控制。

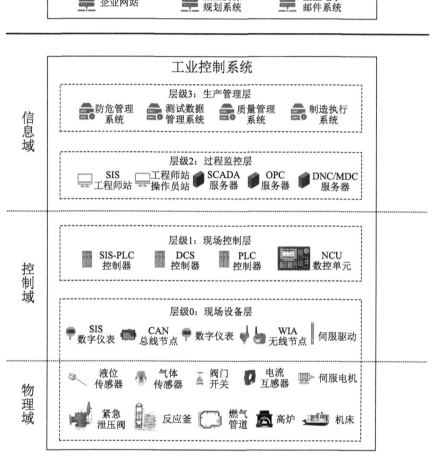

图 1-2　工业控制系统的信息域、控制域和物理域

（3）物理域

物理域主要由现场设备层传感器与执行器的电气和机械部件构成，承担着对能源、矿石、化学品等原材料或半成品（简称为物理对象）实施监测和加工的任务。常用物理域设备包括传感器和执行器。传感器负

责监测物理对象的当前状态并将感知信息上传到控制域设备；执行器则可根据控制域设备下发的控制命令改变物理对象状态。

## 1.3 工业控制系统的特点

工业控制系统是具有任务确定性的、典型的信息与物理融合的系统，与传统信息系统存在着本质的区别，其特殊性体现在以下四个方面。

（1）信息与物理融合

作为典型的信息物理融合系统，工业控制系统通过传感器采集物理对象状态并传输给工业控制器，工业控制器根据预设的控制逻辑分析物理对象状态并向执行器下发控制指令，执行器依照控制指令对物理对象进行加工，从而构成"物理对象—传感器—控制器—执行器—物理对象"的控制回路。工业控制系统的信息物理融合特性是通过传感器、控制器、执行器与物理对象的感控互动，实现对物理对象的状态感知与精确调控。

（2）高确定性

工业控制系统是工程师依据业务流程研发的自动化控制系统，其特点是由指定的操作者在确定的时间和地点，对确定的操作对象按照确定的操作规则和业务流程与时序进行操作，以达成预期的结果。操作者、操作对象、操作时间、操作地点、操作规则，特别是操作的业务流程、时序和操作结果都是确定的，这反映了工业控制系统的信息域业务流程、控制域控制逻辑和物理域状态变化都具有高度的确定性。例如，在化工生产过程中，严格控制反应时间和反应用料的比例，确保工序的准确性，保证化工反应过程安全、稳定与高效。

（3）高可用性

工业控制系统是满足特定生产任务的系统，通过自动化（或半自动化）执行业务流程完成生产任务。因此，保证业务流程的正常执行是工业控制系统的首要目标。许多重要的工业控制系统需要 7×24 小时不间断运行，重启、宕机等可能带来重大损失并且是无法接受的。即使出现了高危安全漏洞，仍然需要"带病运行"。例如，在铁路信号系统中，通过冗余设计确保列车运行的可靠性，包括备用的信号灯、轨道电路等，以保证在某个组件发生问题时，仍可以控制列车的正常运行。

（4）功能安全优先

功能安全专注于对故障的事前防范和事中响应，避免故障导致的重大安全事故。与传统信息系统不同，工业控制系统中若出现故障或受到攻击，运行在高温、高压、高速等极限环境的工业装置，极易发生爆炸、起火等严重安全事故。因此，保障工业控制系统的功能安全是至关重要的，对于重要且危险性高的工业控制系统往往配置独立于基本过程控制系统（BPCS）的功能安全相关系统（SRS）。在基本过程控制系统出现故障时，功能安全相关系统能够保证工业控制系统平稳过渡到安全状态或停机。当工业控制系统中的信息安全与功能安全在实施过程中产生冲突时，应优先保证功能安全。例如，在核电站中，功能安全相关系统通过监测各种参数确保核反应堆和相关设备安全运行，当出现异常危险状况时，功能安全相关系统采取相应的安全措施，如切断电源、启动紧急冷却系统等，以保证核电站的安全性，信息安全措施不能影响功能安全措施的有效实施。

# 第 2 章　工业控制系统的功能安全与信息安全

工业控制系统主要面临两类安全问题，分别是设备老化、环境恶劣、人为失误等带来的功能安全问题和人为蓄意破坏带来的信息安全问题，针对这两类问题，需要分别建立相应的功能安全机制和信息安全机制。

## 2.1　工业控制系统内的两类系统

重要工业控制系统内部存在两类相对独立的控制系统，如图 2-1 所示。第一类是实施工业生产核心任务的基本过程控制系统；第二类是不参与生产、只负责预防或响应基本过程控制系统安全事故的功能安全相关系统。为了避免基本过程控制系统的风险影响到功能安全相关系统的可靠性，两类系统中的控制器、传感器和执行器往往独立部署，并在系统间实施物理或逻辑隔离。

传统工业控制系统的安全机制旨在解决功能安全问题，即解决工业生产中的重大安全事故问题。功能安全相关系统是传统工业控制系统安全机制的载体，在基本过程控制系统出现故障时负责引导生产过程平稳过渡到预设安全状态（如停机状态），以此规避重大安全事故的发生。安全仪表系统[4]是一种较常用的功能安全相关系统，例如，火力发电厂中锅炉的稳定运行依赖于风、燃料、水三类参数的平衡调控，当三类参数之间出现严重失衡时，作为安全仪表系统的锅炉主燃料跳闸系统会立即切断锅炉主燃料供应，避免炉膛爆燃事故的发生。

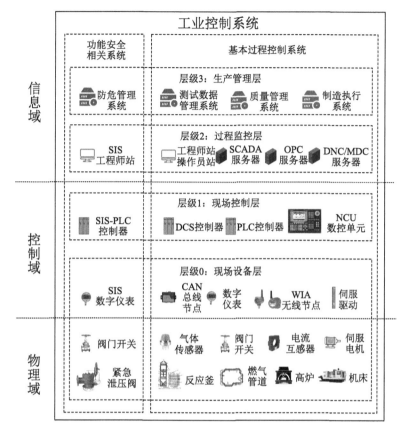

图 2-1　工业控制系统的基本过程控制系统与功能安全相关系统

## 2.2　工业控制系统的功能安全

根据现有国内外标准，工业控制系统的功能安全仅限定为功能安全相关系统正确执行其功能的能力，即功能安全相关系统的"可靠性"。

### 2.2.1　基本过程控制系统的功能安全

广义而言，基本过程控制系统同样存在功能安全需求，其电子、电气和可编程设备的软/硬件可靠性问题会直接影响工业生产，进而降低企业经济效益、影响企业服务质量。因此，基本过程控制系统的功能安全机制旨在保障工业生产业务的正常运行，功能安全相关系统的功能安全机制旨在保障安全相关系统的正常运行。

基本过程控制系统所使用的功能安全机制与功能安全相关系统相类似，差异性主要体现在功能安全机制的实施难度和收益。功能安全相关系统通常关联着关键的业务目标，具有系统规模小、运行逻辑简单等特点，因此功能安全机制的实施难度低、实施收益更为显著；而基本过程控制系统规模庞大、业务复杂，这使得功能安全机制的实施难度高、成本消耗大。因此，现行的国内外标准对于基本过程控制系统的功能安全都不做强制性要求。

## 2.2.2　功能安全相关系统的功能安全

由于功能安全相关系统专门用于在基本过程控制系统失效时保证控制系统过渡到可控安全状态或停止工作状态，避免工业控制系统出现重大安全事故，因此其可靠性不足可能导致设备损毁、人员伤亡等严重后果，需要通过技术标准进行强制性规范，为此国际电工委员会发布了国际标准 IEC 61508-1 *Functional safety of electrical/electronic/programmable electronic safety-related systems-Part 1: General requirements*[5]。

（1）安全完整性等级

功能安全相关系统的功能安全是功能安全相关系统正确执行其功能的能力，即功能安全相关系统的"可靠性"。

安全完整性等级（SIL）是国际上对功能安全相关系统的功能安全性评估指标，定义为功能安全相关系统在规定时间、规定条件下成功实现预设安全功能的概率。功能安全失效的原因包括硬件随机失效和系统性失效。硬件随机失效是指在硬件中由于一种或多种部件老化，在随机时间导致的失效。系统性失效则是指原因确定的失效，通常需要对设计或制造过程、操作规程或其他相关因素进行修改，才有可能避免。因此，硬件随机失效发生的概率能够基于系统硬件老化发生的客观概率进行定量评估，而系统性失效涉及人为设计缺陷等复杂因素，其发生概率只能进行定性评估。国际标准 IEC 61508-1 将功能安全完整性等级分为四个等级，其中 SIL4 是安全完整性最高的等级，SIL1 是最低等级。功能安全的完整性等级越高，功能安全相关系统的可靠性也就越高。

标准 IEC 61508-1 为安全功能规范了两种操作模式，分别为要求操作模式和连续操作模式。其中，要求操作模式是安全功能只有被要求时才执行保护动作，将受控设备置于指定的安全状态；连续操作模式是安全功能持续将受控设备置于其正常安全状态。对于要求操作模式，根据提出要求的频率差异，还可以分为低要求操作模式、高要求操作模式，其中低要求操作模式对功能安全相关系统的操作要求频率不大于每年 1 次且证明检验频率不大于 2 次；高要求操作模式对功能安全相关系统的操作要求频率大于每年 1 次或证明检验频率大于 2 次。对于连续操作模式或高要求操作模式，其安全完整性等级与目标失效量的关系见表 2-1；对于低要求操作模式，其安全完整性等级与目标失效量的关系见表 2-2。表 2-1 和表 2-2 中的目标失效量是指功能安全相关系统需要满足的功能失效概率。

表 2-1　连续或高要求操作模式下安全完整性等级与目标失效量的关系

| 安全完整性等级 | 目标失效量（每小时危险失效概率） |
| --- | --- |
| 4 | $\geqslant 10^{-9}$ 且 $<10^{-8}$ |
| 3 | $\geqslant 10^{-8}$ 且 $<10^{-7}$ |
| 2 | $\geqslant 10^{-7}$ 且 $<10^{-6}$ |
| 1 | $\geqslant 10^{-6}$ 且 $<10^{-5}$ |

表 2-2　低要求操作模式下安全完整性等级与目标失效量的关系

| 安全完整性等级 | 目标失效量（在要求时就执行其设计功能要求的平均失效概率） |
|:---:|:---:|
| 4 | $\geqslant 10^{-5}$ 且 $<10^{-4}$ |
| 3 | $\geqslant 10^{-4}$ 且 $<10^{-3}$ |
| 2 | $\geqslant 10^{-3}$ 且 $<10^{-2}$ |
| 1 | $\geqslant 10^{-2}$ 且 $<10^{-1}$ |

（2）功能安全相关系统失效的影响因素

功能安全相关系统的失效源于多种因素，包括硬件自然老化、人为设计与开发缺陷、人为操作失误、外部环境干扰等。

**硬件自然老化**　功能安全相关系统中的阀门、转子、传感器、变送器等电气和机械部件在使用过程中发生自然磨损老化，导致部件功能逐步退化直至产生随机性失效。

**人为设计与开发缺陷**　为了避免功能安全相关系统的设计与开发安全缺陷，必须让控制算法与过程模型设计遵循最简化原则，并经过严格的合理性验证，其软件与固件开发应充分实践软件可靠性工程并接受严格的可靠性测试。然而，随着系统业务逻辑和软件架构日益复杂异构，设计与开发缺陷的规避难度也在不断增加。

**人为操作失误**　由于现场工作人员的经验不足、体力或心理状态不佳等原因，在长期工作中难免出现操作失误。这些失误包括工程师错误配置系统组态或控制逻辑、操作员未依照操作规程进行远程操作等。

**外部环境干扰**　工业控制系统及其设备对于温度、湿度、压强等物理环境有着明确要求。然而，工业控制系统往往地理分布广、运行环境复杂，从而使外界自然环境的不确定性增大。自然灾害等恶劣外界环境条件会影响系统或设备的正常工作，如造成设备短路、零件腐蚀等问题，最终导致功能安全相关系统的随机性失效。

（3）功能安全相关系统的典型安全机制

功能安全理论经历了长期迭代演进，已深度融入功能安全相关系统的全生命周期，典型功能安全机制包括可靠性设计、可靠性测试、冗余部署和故障监测等。

**可靠性设计**　此类机制在设计与研发阶段用于提升功能安全相关系统的可靠性，避免软件、硬件和操作规程等要素的设计缺陷。典型机制包括：使用形式化、数据流图、结构图等建模方法指导工艺逻辑的可靠性设计；使用防御性编程、结构化编程等可靠性工程方法指导软件设计与开发。

**可靠性测试**　此类机制通过测试手段验证功能安全相关系统中软/硬件的可靠性，发现设计缺陷、配置错误、硬件老化等隐患。典型机制包括：使用概率测试、接口测试、边界值分析、控制流分析、数据流分析等方法全面测试软/硬件可靠性；使用输入/输出仿真模块、静态测量仪器等工具定期对系统软/硬件进行测试。

**冗余部署**　此类机制通过对关键组件进行冗余部署，规避单一组件失效所带来的负面影响。典型机制包括：对设备内的输入/输出模块、中央处理器（CPU）、总线等组件进行冗余部署，并采用冗余表决机制综合判定组件运行结果；对系统中关键设备和线路进行备份配置，并在需要时通过冗余热备机制及时启用备用设备和线路。

**故障监测**　此类机制通过监测告警手段，及时发现软/硬件功能退化或失效。典型机制包括：采用失效断言、软件冗余比对、差错检验码等机制实时检测软件故障；采用"看门狗"、硬件冗余比对等机制实时检测硬件故障。

## 2.3　工业控制系统的信息安全

工业控制系统的信息安全主要防范针对系统软/硬件缺陷实施的人为蓄意破坏。在早期阶段，工业控制系统由于缺乏信息安全防护措施，主要依赖与外网的物理或逻辑隔离。然而，随着数字化、网络化、智能化等新一代信息技术（IT）在工业控制系统中的广泛应用，原本在"信息孤岛"中相对安全运行的系统面临来自内部和外部的网络攻击威胁，受攻击面显著扩大。随着各国之间网络空间竞争的不断加剧，工业控制系统作为国家关键基础设施的核心，日益面临国家级、集团式攻击威胁。工业控制系统重大网络攻击事件近年来不断发生，包括伊朗震网病毒事件、乌克兰大停电、美国供水系统攻击、沙特阿美炼油厂攻击和德国钢厂攻击等。

工业控制系统往往具有高实时性、低容错性、私有协议繁多、设备资源受限等特性，导致传统信息安全防护技术难以适用，迫切需要提出针对工业控制系统的信息安全防护体系。为此，国际电工委员会制定了IEC 62443系列标准，对工业控制系统信息安全的防护措施进行了初步规范。

### 2.3.1　工业控制系统信息安全的相关定义

根据标准 IEC 62443，信息安全是为防范攻击者非法访问、妨碍业务运行、篡改或破坏关键系统、获取机密信息等而采用的保护措施，降低因人为恶意攻击而造成工业控制系统资产损失、人员伤亡、企业信誉受损等风险，保证信息的机密性、完整性和可用性。

信息安全的实施是风险和成本的平衡。工业控制系统广泛应用于不同行业、不同领域，因此应当根据其重要程度，以及遭到破坏后对国家安全、社会秩序、公共利益以及公民、法人和其他组织的危害程度等因素，确定其信息安全等级（SL）。信息安全等级是工业控制系统避免因其脆弱性而遭受人为恶意攻击的防护能力的定性度量，用于评估各行业工业控制系统的信息安全能力。工业控制系统信息安全等级分为 SL1、SL2、SL3、SL4 四个等级，相应的信息安全防护要求逐级递增。

## 2.3.2　工业控制系统信息安全的分级

（1）信息安全等级 SL1

信息安全等级 SL1 主要从标识与认证、使用控制、系统完整性、区域管控等方面规定了基础社会公共安全范畴的技术安全防范（以下简称技防）要求，具有防止随意或巧合网络攻击的能力。SL1 级工业控制系统需具备的安全防护能力如下。

**标识和认证**　支持基于用户标识的身份鉴别和认证，避免非法用户登录系统。

**使用控制**　支持用户只能使用授权的功能，且限制通过便携和移动设备传输代码和数据，消除普通用户越权造成的误操作。

**系统完整性**　支持传输信息的完整性，消除信息传输过程中误码造成的随机错误。

**区域管控**　支持控制系统网络与非控制系统网络逻辑分区，防止对控制系统网络的误操作。

（2）信息安全等级 SL2

信息安全等级 SL2 在 SL1 的基础上，主要增加了公钥基础设施、基于角色的访问控制、软件和信息的完整性、物理分区等技防要求，具有防止简单手段网络攻击的能力。SL2级工业控制系统需具备的安全防护能力如下。

**标识和认证** 支持基于公钥基础设施的身份认证，消除了网络监听导致的账户和口令泄露等简单手段的网络攻击。

**使用控制** 支持基于角色的访问控制机制，使用户访问控制的管理更加灵活高效，降低权限配置不当导致的安全风险。

**系统完整性** 支持软件和信息的完整性，降低病毒、木马等网络攻击的安全威胁。

**区域管控** 支持控制系统网络与非控制系统网络物理分区，消除了拒绝服务等简单网络攻击的安全威胁。

（3）信息安全等级SL3

信息安全等级SL3在SL2的基础上，增加了私钥硬件保护机制、集中审计、安全功能自动化验证、共享内存残余信息清理、定期自动备份等技防要求，针对适度资源、特定技能和适度动机的攻击者，具有防止复杂手段网络攻击的能力。SL3级工业控制系统需具备的安全防护能力如下。

**标识和认证** 支持基于硬件的私钥证书保护机制，消除了通过网络攻击获取私钥证书，造成系统全面失控的安全风险。

**使用控制** 支持集中审计，实现多源告警的综合分析，提升对复杂攻击的识别能力。

**系统完整性** 在维护阶段支持安全功能的自动化验证，降低了功能安全的失效概率，提升了复杂攻击的识别能力。

**数据保密性** 支持共享内存的残余信息清除，避免了进程间机密信息的泄露，防止复杂攻击的横向移动。

**资源可用性**　支持系统定期自动备份，在系统遭受复杂攻击的情况下提高系统恢复能力，降低运营损失。

（4）信息安全等级 SL4

信息安全等级 SL4 在 SL3 的基础上，增加了双授权功能、区域边界的通信机密性、逻辑或物理隔离措施等技防要求，针对充沛资源、特定技能和高度动机的攻击者，具有防止复杂手段网络攻击的能力。SL4 级工业控制系统需具备的安全防护能力如下。

**使用控制**　支持系统关键业务的双授权机制，防止内部攻击的安全风险。

**系统完整性**　支持安全功能的在线验证，具有持续监测和识别对安全功能的网络攻击能力，极大降低了功能安全失效的风险。

**数据保密性**　支持跨域数据交换的机密性保护，防止了单点失陷导致全局机密信息失控，降低了破坏面快速扩大的风险。

**区域管控**　支持关键控制系统网络与其他控制系统网络的逻辑或物理隔离，可有效阻止复杂网络攻击向关键控制系统扩散的安全风险。

## 2.4　工业控制系统三域的信息安全特征

工业控制系统自上而下划分为信息域、控制域和物理域（以下简称三域），每个域信息安全的防护对象、防护目标和防护条件各不相同。

## 2.4.1　信息域安全

信息域设备主要由服务器、计算机终端构成，硬件形态与传统信息系统相似，但运行与工控业务相关的专业软件。工业控制系统生命周期通常较长，信息域设备可能还在运行 Windows XP 等厂商不再提供技术支持的操作系统。

信息域防护目标是在不影响工业控制系统生产管理和过程监控的前提下，保障信息在处理、存储和传输过程中的机密性、完整性和可用性，有效降低对控制域的渗透风险。

由于信息域的工控主机上常常运行着过时的操作系统和相关专业软件，它们可能与当前通用主机防护软件存在兼容性问题。例如，当前通用主机防护软件通常不支持在 Windows XP 等老旧操作系统中运行，而且可能将工控专用软件错误识别为恶意代码。

## 2.4.2　控制域安全

控制域设备包括 PLC、DCS 控制器、SIS 系统、CNC 系统等工业控制器，以及无线节点、现场总线节点等通信设备。这些设备大量采用计算和存储资源受限的嵌入式硬件平台，以及安全功能薄弱的 VxWorks、RTLinux 等嵌入式实时操作系统。

控制域的防护目标是在保证控制回路的强实时性、高可靠性的条件下，保护其控制逻辑的完整性和机密性，有效降低其对物理域的恶意控制风险。

控制域中嵌入式工控设备的高可靠、资源受限等特点使其内部难以部署安全防护措施。国外尖端数控系统、高端 PLC 等"黑盒子"设备未开放防护接口，导致无法在这些设备上部署安全防护措施。对于强实时性的工控设备，网络接口管控等"外挂式"安全防护措施也可能影响其业务运行。

## 2.4.3　物理域安全

物理域设备由传感器与执行器的电气和机械部件构成，如伺服电机、电流互感器、阀门开关等电气部件，反应釜、燃气管道、高炉、机床等机械部件。

物理域的防护目标是通过监测电气部件的电流、电压、相位等物理状态，或者追踪机械部件的位置、位移、速度、加速度等动态，发现物理域设备的异常运行状况，通过采取应急处理措施及时抵御对物理域设备的攻击。

物理域设备往往采用电气控制和机械传动，较少涉及信息处理的过程。物理域遗留设备缺少内部状态数据的采集接口，国外设备内部状态数据的采集接口不开放，因此部署物理状态监测措施变得复杂。物理域操作对于实时性往往有着极高要求，现行的信息安全防护措施的响应精度和速度往往难以及时阻断对物理域设备的攻击。

# 第3章 工业控制系统的防御困境

对工业控制系统的网络攻击往往是强渗透、高隐蔽、高破坏的攻击，其本质是造成物理对象的非预期状态改变，使工业控制系统物理域遭受干扰或破坏。工控防御体系经历了早期的边界防御、当前广泛采用的纵深防御、正在蓬勃兴起的主动防御的演进过程，防御效能稳步提升，但依旧存在"未知、隐蔽攻击难发现""国外、专用设备难防护""信息安全措施难部署"等防护困境。

## 3.1 工业控制系统的网络攻击

工业控制系统是信息物理融合系统，对工业控制系统的网络攻击往往是沿信息域向控制域渗透、在控制域实施篡改、对物理域进行破坏的过程。典型的攻击过程如下：在信息域渗透阶段，利用后门、漏洞等入侵方式，通过网络隔离穿透、目标设备探测、上位机漏洞利用等途径获取对控制域设备的访问权限；在控制域篡改阶段，通过修改控制域设备的配置参数、控制程序、感知数据和控制命令，或下载安装恶意控制代码等方式，实现对控制域设备的恶意操纵；在物理域破坏阶段，通过持续操纵控制域设备，实现对物理域设备的运行干扰或破坏，最终达成对工业控制系统攻击的目的[6]。

## 3.1.1　工业控制系统典型攻击

### 3.1.1.1　连续控制系统攻击案例

（1）震网病毒[7]

震网病毒是国际上公开报道的首个取得显著实战效果的工业控制系统网络攻击武器。它针对伊朗核设施中的铀浓缩离心机，从互联网进入工业控制系统实施跨域攻击，利用多个 Windows 系统级漏洞和西门子控制器漏洞，篡改铀浓缩离心机控制器的控制逻辑和离心机转子感知数据，造成离心机设备因大幅度频繁切换转速而损坏。

震网病毒的攻击过程大致如下：在信息域渗透阶段，震网病毒利用 Windows 系统漏洞在伊朗互联网中广泛传播，感染插入 Windows 主机的 U 盘；当被感染的 U 盘插入工业控制系统信息域计算机设备时，震网病毒感染该设备从而侵入工业控制系统。震网病毒进一步利用多个零日漏洞在打印机和计算机等信息域设备间横向传播，发现并利用 WinCC 软件漏洞感染与离心机相连的上位机，通过修改操作系统中的文件和进程查询函数来隐藏自己的痕迹。在控制域篡改阶段，震网病毒修改西门子 PLC 编程软件（名为 Step7）的动态链接库（DLL）文件以生成恶意控制程序，并将其下载安装至离心机控制器；恶意控制程序篡改离心机转子的感知数据，通过重放历史正常数据向上位机隐瞒离心机真实工作状态。在物理域破坏阶段，离心机控制器在恶意控制程序的驱动下使离心机的工作频率在 2～1410Hz 频繁切换，从而大幅缩短离心机转子寿命，最终造成离心机损坏。

（2）Triton 病毒[8]

Triton 病毒是 2017 年针对沙特阿美石油公司发起的一场网络攻击。它通过篡改公司的安全仪表系统（SIS）的控制程序，造成两类攻击后果：一是在生产过程无异常情况下蓄意触发功能安全保护措施，导致生产过程控制系统停机；二是在生产过程出现异常时，阻止功能安全保护措施的触发，造成生产设备爆炸甚至人员伤亡。

Triton 病毒的大致攻击过程如下：在信息域渗透阶段，利用网络钓鱼方式侵入工业控制系统内网，通过在上位机安装劫持软件窃取工程师站管理员的登录凭证，从而获得工程师站的操作权限，利用此权限探测控制域中的安全仪表系统 Triconex。在控制域篡改阶段，Triton 病毒通过工程师站与 Triconex 建立连接，利用 Triconex 的零日漏洞获取其最高控制权限，并将恶意控制程序以二进制数据流的形式写入 Triconex 内存中；因只存在于内存中，在设备重启后会消失，隐蔽性更强。在物理域破坏阶段，恶意控制程序在数月内两次攻击安全仪表系统，第一次下载安装了空白的控制程序，使安全仪表系统立刻触发安全功能，导致生产过程控制系统停机；第二次下载安装了错误的控制程序，使安全仪表系统失效而无法正确监测生产过程，错误触发安全功能，导致生产过程控制系统停机。两次错误停机均对沙特阿美石油公司造成了巨大经济损失。

### 3.1.1.2 离散控制系统攻击案例

离散控制系统广泛应用于航空航天、车辆制造、船舶制造、军工制造等领域，是网络攻击的重要目标。数控机床作为离散控制系统的典型设备，常用于加工叶轮、活塞等高精度关键零部件。面向数控机床的跨网攻击案例展示了针对离散控制系统的隐蔽攻击威胁。攻击者在加工参数文件中隐藏加密的攻击载荷，穿透网闸和防火墙等边界防护措施，从企业办公网渗透到工业控制系统内网中的工程师站，通过篡改数控机床的配置参数和加工程序，使机床刀具轨迹产生偏离，导致加工工件的质量下降甚至报废。

面向数控机床的跨网攻击过程如下：在信息域渗透阶段，攻击者在侵入企业办公网的文件服务器后，在特定 Excel 加工参数文件中植入加密的攻击载荷，并隐藏攻击载荷的 ShellCode 特征；当工业控制系统内网的操作员从文件服务器下载配置文件时，攻击载荷可逃避网闸和防火墙的检测从而横向移动到工程师站；操作员在工程师站中打开恶意 Excel 文件时，触发主机 Office 软件的栈溢出漏洞（CVE-2018-0798），攻击载荷随即被释放至工程师站隐藏文件夹中并在后台执行。

在控制域篡改阶段，攻击载荷伪装成西门子 840D_sl 数控机床配置软件，利用安全外壳协议（SSH）调试接口远程登录 840D_sl 数控机床，篡改机床文件系统中用于定义加工操作的数控（NC）代码和用于优化操作性能的参数表。为了隐藏数控系统的真实状态，工程师站中的攻击载荷劫持数控机床与上层监控系统之间的通信，将数控机床上报的状态信息替换为历史"正常"状态信息，从而绕过监控系统的状态检测。

在物理域破坏阶段，篡改的 NC 代码使机床刀具偏离预期的加工轨迹，参数表中的插补周期参数被修改，严重影响了插补算法的计算精度。刀具轨迹偏离和插补精度降低使机床加工误差从几十微米增大到几百微米，最终导致加工工件因尺寸、位置和形状的精度大幅下降而报废。

### 3.1.1.3　PLC 的典型攻击案例

PLC 是工业控制现场广泛应用的基本控制设备，包括采集传感器数值的输入模块、控制执行器的输出模块、运行控制程序的 CPU 模块、网络接口模块等。PLC 的控制程序通常由信息域的工程师站编写并下发，在下载安装 PLC 运行后保持不变。PLC 循环运行周期包括输入采样、控制程序运行、输出刷新。针对 PLC 的攻击通常集中于篡改控制程序的逻辑或者输入/输出数据上。

（1）CLIK 攻击[9]

CLIK（控制逻辑感染攻击）是一种利用 Modicon M221 PLC 认证漏洞窃取 PLC 控制程序，进而逆向并篡改控制逻辑的攻击。为提升攻击隐蔽性，CLIK 构造了作为中间人的虚拟 PLC，捕获并应答上位机下发的监测请求。

攻击者对 PLC 控制逻辑实施篡改的大致过程如下：攻击者首先利用 Modicon M221 PLC 的"允许未经授权的写入"设计缺陷发起密码重置攻击，通过写入新的密码哈希值覆盖原始密码，以获取 PLC 的读写权限；在此基础上，通过读取 PLC 内部的二进制控制程序，利用反编译工具将二进制程序反编译为源代码，利用自定义规则自动修改源代码中的控制逻辑，重新编译为二进制恶意控制程序并下载至 PLC。

为了增加攻击的隐蔽性而不被上位机发现，攻击者在 PLC 和上位机之间构造了一个虚拟 PLC，捕获并分析 PLC 与上位机的历史网络流量，进而与上位机进行交互。当收到上位机的请求状态信息和配置信息时，虚拟 PLC 基于捕获的流量生成应答消息；当上位机请求读取 PLC 控制程序时，虚拟 PLC 将 PLC 原始的控制程序上传。

（2）HARVEY 攻击[10]

Rootkit 是一类可隐藏自身恶意行为的恶意软件，通常与木马、后门配合使用。HARVEY 是一种针对 PLC 的 Rootkit，通过篡改输入/输出子例程替换控制指令和状态信息，实现对被控物理对象的恶意操作；基于构建的轻量级物理仿真模型应答操作员的状态查询来长期隐藏自身。

HARVEY 驻留在运行 PLC 控制程序的底层固件内，通过篡改输出刷新子例程，替换 PLC 输出模块的上位机操作员或控制程序的正常控制命令，把恶意操作指令发送给物理域中的执行器；同样，通过篡改输入采样子例程，替换 PLC 输入模块的底层传感器上报的物理对象状态信息，把虚假的状态信息发给操作员。由于 HARVEY 在固件层中拦截了上层的控制指令和底层的状态信息，从上层传递到固件的每个输出命令均被 HARVEY 捕获和篡改，同时 HARVEY 也可以任意改写控制程序所依赖的物理状态输入值。这样，HARVEY 能够肆意操纵底层的物理对象。

为了更好地隐蔽攻击而不被发现，HARVEY 嵌入了一个轻量级的底层物理对象的系统仿真模型，模拟物理对象的正常运行过程。当操作员或控制程序下发操作命令时，仿真模型将命令作为输入调整物理对象的仿真状态；当操作员或控制程序查询物理对象状态时，仿真模型返回相应仿真状态值。这样，HARVEY 能够实现对操作员的长期欺骗。

## 3.1.2　工业控制系统的网络攻击特征

**工控攻击往往结合业务逻辑，具有高隐蔽性**　工业控制系统具有确定的运行流程和业务逻辑，攻击者实施信息域渗透后，可投放结合业务逻辑的攻击载荷，通过对控制指令的触发时序、设备状态参数、设备内置工艺算法等进行微小改动，使工业控制系统出现运行偏差，进而造成对物理系统的干扰或破坏。高等级工控攻击往往深度结合业务机理，仅对业务流程中的特定指令和数据实施微小篡改，这些行为能够规避传统网络安全监测技术的侦测，具有高隐蔽性。

**工控攻击往往利用未知漏洞和未知攻击方法，具有强渗透性**　工业控制系统中的软/硬件类型多样异构、供应链庞杂、"遗留"组件众多，存在大量未知漏洞和后门，可被渗透的攻击面大。工业控制系统攻击在各国之间网络攻防博弈中具有战略层面的意义，攻击者往往不惜使用高价值的未知漏洞和新型攻击方法，渗透攻击到工业控制系统的核心控制部分。

**工控攻击可对物理系统造成干扰或破坏，具有高破坏性**　工业控制系统作为信息物理融合系统，通过信息系统与物理系统的感控互动，控制被控物理对象达到预期状态。基于此特性，工业控制系统攻击通过操纵控制域设备干扰或破坏物理系统，进而可能造成基础设施服务中断、环境污染，甚至人员伤亡等严重后果。

## 3.2　工业控制系统的威胁模型

### 3.2.1　工业控制系统的网络攻击本质

工业控制系统的攻击是对信息物理融合系统的攻击，是对控制域实施渗透与篡改、在物理域产生实质性后果的攻击。如果攻击未能对物理域造成干扰或破坏，仅导致数据窃取等机密性问题，则与传统信息系统攻击别无二致。因此工业控制系统网络攻击的本质是在物理域上造成非预期的物理对象状态改变，使物理域遭受干扰或破坏。物理域被干扰或破坏的主要表现形式如下。

**产品及服务质量下滑**　为保障产品的高良品率或基础设施服务的持续高质量，工业控制系统需结合高精度的物理状态感知，采用实时高效的反馈控制算法和高精度的执行部件。网络攻击通过在控制回路中蓄意引入偏差，导致工业控制系统不能达到预定的控制精度，造成执行精度的大幅波动，进而影响产品及服务质量。例如，通过操纵数控机床刀具运行轨迹导致加工产品质量不合格，通过操纵污水池加药量和水质监测数据导致污水处理不达标等。

**设备损坏和系统停机** 工业控制系统中的控制域和物理域设备在设计之初即面向特定控制业务，其物理部件在可控的物理极限内安全运行。针对控制设备的网络攻击可通过篡改感知数据或控制逻辑，使执行部件按照非预期甚至控制策略相反方式运行，导致设备进入超负荷状态，甚至超出其物理极限，造成物理损毁。例如，通过篡改控制逻辑使离心机转子或汽轮机轴承超负荷运行，导致其使用寿命大幅缩短。

**重大安全事故** 功能安全相关系统是传统工业控制系统安全机制的载体，在基本过程控制系统出现故障时使生产过程平稳过渡到安全停机等预设安全状态，从而避免重大安全事故的发生。网络攻击通过篡改功能安全相关系统的感知数据和控制逻辑等造成安全功能失效，导致工业控制系统的关键工控设备缺乏功能安全保障。当关键工控设备失控时工业控制系统会进入非安全状态，而功能安全相关系统无法使其恢复至预设安全状态，可能造成关键工控设备甚至整个工业控制系统的损毁和爆炸等重大安全事件。例如，在炼油和化工系统，如果蒸馏塔的安全仪表系统功能失效，在出现异常情况时，功能安全相关系统未能执行安全动作，最终可能导致蒸馏塔发生爆炸。

## 3.2.2 工业控制系统的网络攻击模型

如图 3-1 所示，工业控制系统信息域、控制域、物理域均隐藏着各类已知和未知的安全隐患。信息域安全缺陷可直接或间接导致信息域软/硬件被渗透或操控，例如，利用缓冲区溢出漏洞、整数溢出漏洞等获取主机权限。控制域安全缺陷可直接或间接导致控制域软/硬件被渗透或操控，诸如感知数据完整性验证缺失、控制器组态更新认证缺失等。物理域安全缺陷可导致物理系统被干扰或破坏，比如利用极限条件下材料易疲劳、原料被污染情况下反应过程易失控等。

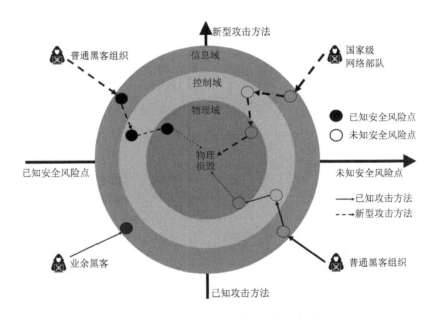

图 3-1　工业控制系统的网络攻击模型

攻击者掌握工业控制系统三域未知安全缺陷越多、未知攻击方法越多，对工业控制系统的威胁越大。业余黑客通常仅限于在信息域对已知安全风险点发动已知攻击。普通黑客组织可能掌握少量的三域安全缺陷，能够从信息域对已知安全风险点发动新型攻击或对未知安全风险点发动已知攻击。这些攻击即使渗透至物理域，由于对物理域安全缺陷了解有限，通常也只会造成设备停机等非重大物理安全事件。然而，国家级网络部队掌握丰富的未知安全缺陷，极有可能穿透信息域和控制域的防御措施，获得在信息域或控制域操纵业务逻辑的权限，并基于物理域安全缺陷，造成特定物理状态偏差，引发物理损毁、人员伤亡和环境破坏等重大安全事件。

## 3.3　工业控制系统的现有信息安全防御理念

随着工业控制系统从封闭走向开放互联，其信息安全防御体系在不断进化。从早期的边界防御，到当前广泛采用的纵深防御，再向着蓬勃兴起的主动防御演进，防御效能正在稳步提升。

### 3.3.1　边界防御

边界防御[11]面向工业控制系统与外界进行信息交换的安全需求，通过在系统网络边界部署防火墙、网闸等隔离措施，实现对非授权访问、恶意代码传播等信息安全威胁的阻断，从而保护工业控制系统免受来自外部的网络入侵。边界防御使工业控制系统在网络空间拥有相对安全的网络边界，构成了工业控制系统防护的第一道屏障。边界防御的局限性在于缺乏防御纵深，当网络边界被渗透后缺乏补救措施；仅能够抵御外部攻击，无法应对内部攻击。

### 3.3.2　纵深防御

纵深防御将多种信息安全防护机制有机组合，实施网络分区分域防护，构建多重防线的防御体系，以应对内外部网络攻击，使工业控制系统在受到局部攻击时仍能维持运行。美国发布的工控安全标准 NIST SP

800-82[12]为纵深防御在工业控制系统中的应用提供了指南，其中包括网络隔离、身份认证、访问控制、监测和审计等多重防护措施，在网络边界、网络区域、域内主机等层级形成多道防护。多重措施之间协同互补，使攻击者难以攻破防线；多重防线之间互为保障，在单一防线被攻破后仍有其他防线防护，确保系统能够持续运行。纵深防御的局限性在于它主要针对已知攻击设置防御机制及策略，无法抵御未知特征的高隐蔽网络攻击。此外，由于工业控制系统一般具有强实时、高可靠的功能安全约束，信息安全防御措施难以深入部署，存在易被网络攻击突破的脆弱点。

### 3.3.3　主动防御

主动防御旨在摆脱"找特征、补漏洞"的被动防御局面，强调对未知攻击形成有效防御能力。主动防御是工控信息安全技术近年来的发展趋势，受到国内外学术界的重点关注。主动防御代表性工作如下。

移动目标防御[13]通过构建冗余、异构、动态的安全防护架构，动态切换自身系统配置和防护策略，从而增加攻击者面对的不确定性。防御体系通过动态切换网络地址和端口、通信协议、操作系统等系统配置，不断改变系统的受攻击面，提升攻击者利用系统脆弱性的难度；通过动态切换身份认证、异常检测等策略，提升攻击者突破防御措施的难度。移动目标防御的局限性在于，工业控制系统一般有着强实时性和高可靠性要求，系统配置频繁变化容易干扰业务正常运行，而且实施成本和难度较高，导致移动目标防御在工业控制系统中难以得到广泛应用。

美国权威安全组织 MITRE 提出了一种对抗性防御框架（Engage）[14]。其功能是指导防御者使用特定的手段与攻击者进行交互，实现对抗性防御。对抗性防御的理念是指防御者综合使用网络阻断和网络欺骗等技术手段形成对抗作战能力，将对攻击行为的被动发现转变为与攻击者的"积极互动"，其核心机制包括暴露（expose）、反制（affect）和溯源（elicit）。暴露机制利用业务流收集、高级持续性威胁（APT）攻击特征匹配等手段，及时发现攻击行为；反制机制利用欺骗式流量牵引、隔离等手段，对攻击行为进行反制和拖延；溯源机制利用高交互式欺骗、情报分析等手段，对攻击者行为和动机进行分析。对抗性防御的局限性在于，虽然增强了攻击发现能力和攻击响应能力，但对于未知网络攻击发现能力有限。

可信计算[15-16]旨在确保信息系统运行全过程的可授权、可校验、可追溯。可信计算以可信根密钥、防护与计算双体系结构为基础，以设备运行过程为脉络建立信任链，对设备启动、应用程序运行、数据存储、输入/输出设备使用等运行过程实施权限管理、完整性校验等管控措施；通过在设备之间建立远程可信验证机制，对远程数据交换过程实施管控。可信计算的局限性在于需要对底层软/硬件体系结构实施改造，鉴于我国工业控制系统中的部分软/硬件在一定时期内还需依赖国外供应商，且改造可能降低软/硬件可靠性，可信计算在我国工控领域难以广泛落地。

## 3.4 工业控制系统的信息安全防护的挑战

工业控制系统作为各国之间网络攻防博弈的重要目标，面对高隐蔽、强渗透、高破坏的网络攻击，现有信息安全防御体系依旧存在"未知、隐蔽攻击难发现""国外、专用设备难防护""信息安全措施难部署"

等安全防护困境。

## 3.4.1　未知、隐蔽攻击难发现

工业控制系统遭受的攻击往往具有未知性和高隐蔽性。全球领先的工业强国已把针对工业控制系统等关键基础设施的攻击武器作为战略储备，以便在关键时刻利用高危险性零日漏洞和新型攻击工具，发起精准打击。这些国家凭借在工控领域的技术积累，结合业务机理精心设计高隐蔽的攻击载荷，对业务逻辑进行细微篡改便可达成攻击目标。更值得警惕的是，我国高端工业设备仍严重依赖国际供应链，其中关键技术与业务逻辑不对外公开且与供应商深度绑定，这种依赖关系增加了后门攻击的风险。

## 3.4.2　国外、专用设备难防护

由于工业控制系统实时性要求高、生命周期长、业务需求特殊，工业控制系统中的设备大多采用专用设备。这些专用设备核心模块封闭、内部系统定制化、配置和改造权限不开放，这使现有信息安全防护技术效果有限，导致专用设备不得不带病运行，成为工业控制系统中的脆弱点，也是攻击者的重点渗透对象。此外，国外高端工业设备在我国工业控制系统中仍占比较大，这些设备作为"黑盒子"设备接口封闭，难以施加安全防护技术措施。如何对国外设备、专用设备施加有效防护是急需解决的难题。

## 3.4.3　信息安全措施难部署

工业控制系统是功能安全优先的系统，但信息安全机制在设计之初未能充分考虑功能安全约束，导致自身在部署和运行过程中与功能安全机制可能产生冲突。典型冲突包括：工业控制系统具有高可靠、强实时要求，信息安全机制可能为功能安全机制带来延迟增加和可靠性降低等风险；工业控制系统资源受限，这使功能安全机制与信息安全机制（简称两安机制）争夺有限的计算、存储和传输资源。这些冲突导致信息安全技术难以深入部署于工业控制系统及其控制设备中。此外，工业控制系统更新周期长，存在大量遗留设备，其计算能力薄弱、升级改造难度大，即使发现安全缺陷也难以及时修补。

# 第4章 物理域安全优先的工业控制系统主动防御理念

本章基于我国工业控制系统高端设备和器件依赖国外的现状，针对工业控制系统未知隐蔽攻击难防御的困境，面向工控攻击以干扰和破坏物理域为目标的本质，以物理域白状态为抓手，以未知隐蔽攻击的换域检测为基本方法，提出了物理域安全优先的工业控制系统主动防御理念。

## 4.1 工业控制系统的物理域白状态

### 4.1.1 物理域状态

工业控制系统是目标明确的任务型系统，基于特定类型的工业生产任务进行设计，制定明确的业务流程和控制逻辑，并通过控制域设备严格执行业务流程，持续控制物理域设备加工矿石、燃料、化学品等原材料或半成品（简称为物理对象），最终将物理对象转化为生产任务所规定的产品或服务。

**物理域状态**是指物理域设备的运行状态，包括物理对象状态、执行器状态。物理域设备是对物理对象直接实施感知和加工的设备，设备类型包括传感器和执行器。工业控制系统通过传感器感知物理对象状态，并按照既定的控制逻辑通过执行器对物理对象实施加工。

**物理域状态的变化由业务流程和控制逻辑决定。** 工业控制系统在运行前根据生产任务形成工艺流程，在生产过程中严格执行工艺流程，通过控制逻辑自动化持续操控物理域设备加工物料，物理域状态的变化过程可被看作是物理域设备对物料的加工过程。

## 4.1.2　物理域白状态

**物理域白状态是工业控制系统正常运行时的物理域状态。** 正常运行是指工业控制系统不存在人为破坏、环境危害以及不可容忍的物理扰动。在理想情况下，物理域状态应时刻处于工艺流程所规定的预期状态；在实际情况下，物理域状态不可避免地受到扰动的影响，从而偏离预期状态，但一定程度的状态偏离对于生产任务影响有限。导致物理扰动的因素包括物料质量波动、传感器测量噪声、执行器动作偏差等。

**工业控制系统物理域白状态可由物理域状态在时间维度（连续或离散）变化的函数表示。** 物理域白状态是工艺流程规定的预期状态与合理扰动导致的状态偏差的叠加，物理域白状态的函数表示包括工艺流程函数与物理扰动函数。工艺流程函数是对设备与物理对象运行逻辑的数学表达，可精确描述物理域状态在时间维度变化的预期模式；物理扰动函数是对可容忍物理扰动的数学表达，描述物理域状态在时间维度上可容忍的偏离区间。

物理域白状态具有如下特点。

**状态类型可穷举**　物理域设备的类型有限，相应物理域状态的类型有限。例如，污水处理系统中的物理域设备包括水位传感器、流速传感器、加药阀门等，相应的物理域状态包括污水池水位、管道出入流速、加药量等。

**状态数值可观测** 工业控制系统生产过程中利用传感器对物理域状态实时观测，将物理域状态转换为可度量的数字信号。随着传感器技术的不断发展，物理域状态观测精度不断提高、可观测状态类型不断增多。

**状态变化可预知** 工业控制系统根据生产任务确定业务流程和控制逻辑，保证工业控制系统在物理域的状态变化是可预知的。

## 4.2 未知隐蔽攻击的换域检测

工业控制系统在发展初期缺少对信息安全防护的考虑，其生命周期长，使遗留系统存在诸多信息安全隐患；同时，由于工业控制系统业务流程复杂，不同行业与应用存在显著差异，随着漏洞挖掘与分析水平不断提高，异构多样的控制设备未知漏洞持续被发现。

工控攻击的本质是造成物理域状态的非预期改变，使物理域遭受干扰或破坏。工控攻击往往从信息域向控制域渗透，篡改控制域设备的控制逻辑，造成物理域状态持续偏离预期，最终导致物理域安全事故。无论工控攻击的渗透过程如何复杂多样，攻击过程最终都会造成物理域状态的非预期改变。

**物理域是检测未知隐蔽攻击的理想区域，基于物理域白状态的异常检测是解决工业控制系统未知隐蔽攻击难发现的有效手段。**基于物理域白状态的异常检测事先建立物理域白状态模型作为检测基线，持续计算物理域当前的预期状态，并分析其与实际观测状态的偏差，从而精准识别对物理域的干扰和破坏。

**工业控制系统未知攻击的换域检测理念就是将"信息域和控制域的**

未知隐蔽攻击难检测的问题"转化为"物理域状态异常的易检测问题"，从而实现对未知隐蔽攻击的有效发现。这种"换域检测"理念深入理解了工控攻击的本质，是物理域安全优先的工控安全防御理念的基础。

## 4.3　主动防御理念

物理域安全优先的工业控制系统主动防御以防止攻击者干扰或破坏物理域为目标，通过确保物理域安全以阻止工控攻击产生实际影响，从而摆脱未知隐蔽攻击难防御的困境，其核心理念如下。

**未知隐蔽攻击的换域检测**　其理念是将"信息域和控制域的未知隐蔽攻击难检测的问题"转化为"物理域状态异常的易检测问题"。物理域状态异常检测是发现未知隐蔽攻击的核心手段，工控攻击的本质是对物理域状态的非预期改变，基于物理域白状态的异常检测更容易发现未知隐蔽攻击。物理域是发现未知隐蔽攻击的最后防线，一旦物理域状态告警就意味着工控攻击已产生实际效果，需要被优先响应和处理，这是物理域安全优先的内涵。

**三域协同的主动防御**　其理念是从对抗角度考虑，沿攻击链条布局防御措施，形成预先抑制攻击、及时监测攻击、协同处置攻击的主动防御。在抑制攻击阶段，发现可能导致物理域安全事件的核心风险点，在三域中部署相互协同的攻击防范措施，通过阻断与欺骗攻击者提升攻击难度，减少攻击发生的可能性；在监测攻击阶段，摆脱基于已知漏洞和攻击特征难以监测未知攻击的困境，在三域中实施相互协同的异常检测，在物理域状态异常检测的基础上，通过综合分析三域异常行为，进一步提升监测精准度；在处置攻击阶段，通过三域告警追溯攻击源及其攻击路径，动态调控攻击路径内的各类安全机制，对攻击者发起体系化反制。

不同于纵深防御的"防盗门模式"、零信任安全的"保险箱模式"[17]，物理域安全优先的工业控制系统主动防御属于"卯榫透视模式"，以工控攻击的跨域路径和物理域破坏机理为依据，构筑白状态式透视手段深度分析异常行为，实现在物理域安全事件发生之前的威胁发现与阻断；同时以卯榫方式将信息安全技术与功能安全技术有机融合，在避免两者产生可靠性和资源冲突的前提下，弥补功能安全技术未考虑人为蓄意攻击的先天不足。

## 4.4　物理域安全优先的主动防御模型

物理域安全优先的工业控制系统防御模型如图 4-1 所示，模型中的要素为被防护对象和核心防御机制。其中，被防护对象是指工业控制系统中的信息域、控制域、物理域；核心防御机制包括物理域干扰与破坏的事先防范、物理域优先的攻击监测、三域攻击事件的协同处置。三类核心防御机制对被防护对象赋能，使工业控制系统具备攻击防范（抑制）能力、攻击检测（监测）能力、协同处置（调控）能力。三类核心防御机制之间相互协同互补，形成事前减少攻击、事中发现攻击、事后及时响应攻击的主动防御。

**物理域干扰与破坏的事先防范**　该机制结合物理域干扰与破坏的致因机理，在三域中预先部署体系化的攻击防范措施，提升工控攻击难度并减少攻击发生的可能性。攻击防范措施包括：实施功能安全风险与信息安全风险（简称两安风险）一体化分析，发现可能导致物理域安全事件的核心风险点；针对高风险核心设备设计兼顾功能安全与信息安全的软/硬件架构；在高风险网络路径中对攻击者实施迷惑和欺骗等防御措施。

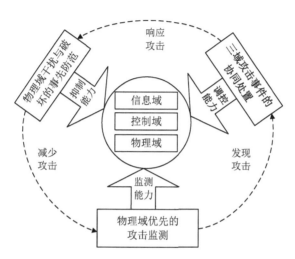

图 4-1　物理域安全优先的工业控制系统防御模型

**物理域优先的攻击监测**　该机制以物理域状态异常监测为核心，辅以控制域逻辑和信息域行为的异常监测，进一步提升攻击监测的精准度。核心措施包括：实施信息域行为的异常监测，评估信息域设备的主机行为与网络行为的异常，对信息域设备的软件进程和网络流量异常进行告警；实施控制域逻辑的异常监测，评估设备输入至输出的逻辑映射与正常控制逻辑的差异，对控制域设备的控制逻辑异常进行告警；实施物理域白状态的异常监测，评估物理域状态与预期状态的偏差，对异常物理域状态进行告警；实施三域融合的攻击监测，通过数据源融合、监测模型融合、监测结果融合等方式，提升攻击监测的精准度。

**三域攻击事件的协同处置**　该机制是指动态调控三域中多样的防御措施，对三域中的攻击事件实施体系化响应。协同处置方式包括：对物理域告警给予优先响应，及时防范工控安全事件，避免工控攻击对物理域产生重大影响；利用三域异常告警牵引三域的协同防御，通过分析三域告警追溯攻击发起源及攻击路径，动态调控攻击路径内的各类防御机制以反制攻击者；当检测到新型攻击时，提取攻击特征，使未知攻击成为已知攻击，进而优化防御措施及策略。

# 第5章 物理域安全优先的工业控制系统主动防御技术体系

物理域安全优先的工业控制系统防御技术体系针对未知隐蔽攻击难防御、国外专用设备难防护等现状，围绕未知隐蔽攻击的换域检测、三域协同的主动防御理念，通过构建物理域干扰与破坏的事先防范能力、三域异常事件的事中发现能力、异常事件的三域协同响应能力，形成预先抑制攻击、及时发现攻击、协同处置攻击的主动防御脉络。

## 5.1 技术体系框架

物理域安全优先的工业控制系统防御技术体系是实现工业控制系统主动防御理念的整体技术方案，包含防御技术、评测技术、白基线知识库，如图 5-1 所示。这个技术体系根据工业控制系统的高确定性特征，结合工业控制业务流程在三域中的运行机理和实际场景，构建了信息域白名单、控制域白逻辑、物理域白状态，从而构建了工业控制系统信息安全的白基线知识库；围绕防御理念模型中的抑制能力、监测能力、调控能力，提出了对抗式防御的攻击抑制类技术、基于白基线的监测类技术、三域协同处置的调控类技术，形成了对未知隐蔽攻击的体系化防御能力；通过评测技术来评估防御技术的有效性。

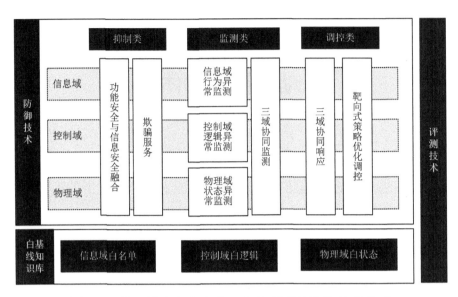

图 5-1　物理域安全优先的工业控制系统防御技术体系

白基线知识库描述工业控制系统业务流程在三域的正常运行模式，为防御技术提供安全基线支撑。知识库的构建方法包括凝练业务流程机理、分析三域业务数据、解析控制程序等，构建信息域白名单知识库、控制域白逻辑知识库、物理域白状态知识库。信息域白名单知识库描述信息域设备的正常操作行为规律，包括主机行为、网络行为等；控制域白逻辑知识库描述控制域设备发起控制行为的正常逻辑规律，包括配置参数、控制逻辑和时序等；物理域白状态知识库描述物理域状态正常变化的客观规律，包括具体业务场景下的工艺流程模型和物理扰动模型等。

防御技术包括抑制类、监测类、调控类安全技术。抑制类技术通过实施体系化的信息安全增强措施，提升攻击者实施工控攻击的难度，减少攻击发生的可能性。抑制类技术的核心机制包括利用欺骗服务技术迷惑攻击者或拖延攻击实施；以保障功能安全为前提，利用功能安全与信息安全融合技术在工业控制系统全生命周期中全面实施安全增强。监测类技术依据白基线知识库在三域中协同监测实际业务流程的运行状态，从而实施体系化的异常监测，核心机制包括利用信息域主机与网络行为监测技术发现业务操作异常、利用控制域白逻辑监测技术发现控制逻辑异常、利用物理域白状态监测技术发现物理域状态异常、利用三域协同监测技术进一步提升监测精度。调控类技术通过高效响应异常告警和动态优化安全策略，对工控攻击实施体系化反制，核心机制包括利用物理域安全优先的三域协同响应技术高效处置攻击行为，利用靶向式全局联动调控技术动态应对新型安全威胁。

评测技术也是工控防御技术体系的重要组成部分，包括风险评估技术和测试验证技术。风险评估技术旨在发现三域中可直接或间接导致物理域破坏的核心风险点，并指导防御技术对核心风险点进行重点防御。测试验证技术通过评价防御技术在设计研发、部署配置、运行维护等方面的合理性，检验防御技术的有效性。

## 5.2　白基线知识库

工业控制系统的运行严格遵循业务流程，其中信息域设备操作行为、控制域设备控制逻辑、物理域设备运行状态都具有高度的确定性。白基线知识库描述了业务流程在三域的正常运行模式，构建方式包括业务数据驱动的数学建模、专家知识驱动的机理建模、控制逻辑的程序解析与建模等。如图 5-2 所示，信息域白名单知识库包括主机行为白名单和网络行为白名单；控制域白逻辑知识库包括控制程序白逻辑和控制参数白逻辑；物理域白状态知识库包括工艺流程模型和物理扰动模型。

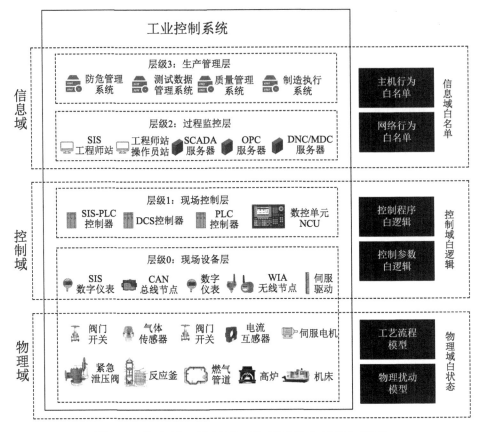

图 5-2　信息域、控制域、物理域的白基线知识库

　　白基线知识库可为抑制类、监测类、调控类技术提供算法模型和专家知识支持，提升技术体系的防御能力，主要包括：提升物理域异常状态监测技术对异常物理域状态的检测准确率，进而提升其对物理域干扰与破坏的发现能力；提升欺骗服务技术对系统正常状态的仿真度，进而提升对攻击者的欺骗性；提升三域协同响应技术对安全告警的响应合理性，将系统的异常状态调回合理的正常状态等。

## 5.2.1　信息域白名单

　　信息域白名单描述信息域设备的正常运行状态与操作行为，主要包括主机行为白名单和网络行为白名单。主机行为包括信息域设备的软/硬件配置、系统进程、程序操作、人员操作等，网络行为包括信息域设备的远程访问、远程业务交互等。

工业控制系统信息域设备具有应用软件固定、操作人员确定、操作行为遵循业务流程的特点。通过对设备实施主机配置静态分析，能够构建应用软件、用户账户、用户权限和操作行为等白名单。通过对设备实施主机动态行为分析，可构建软件进程、软件应用程序接口（API）调用模式、进程间关系等白名单。

信息域和控制域之间的网络流量具有通信协议固定、通信流向固定、操作指令遵循业务逻辑的特点。通过分析网络流量，可构建媒体访问控制（MAC）地址接入、合规互联网协议（IP）流量、服务端口合规会话等白名单。通过分析业务流程和网络流量内容，可构建控制指令、控制对象、控制值域等白名单。

## 5.2.2　控制域白逻辑

控制域白逻辑描述控制域设备针对物理对象的正常控制逻辑。控制逻辑由工程师编写的控制程序决定，并由控制参数调节，因此，控制域白逻辑由控制程序白逻辑与控制参数白逻辑构成。

**控制程序白逻辑**　构建控制程序的白逻辑主要是通过解析控制域设备中的控制程序来完成的。控制域设备大多采用 IEC 61131-3 中所规定的语言开发控制程序，使用词法分析、语法分析和语义分析技术辅助构建控制程序白逻辑。在系统运行阶段，可利用控制器管理软件提取控制器当前运行的控制组态代码，通过词法分析确定其使用的内存变量以及数字输入、数字输出、模拟输入、模拟输出等输入/输出端口；通过语法分析获取内存变量和端口的域值范围；通过语义分析构建输入信号和输出信号之间的逻辑时序关系。

**控制参数白逻辑**　构建控制参数的白逻辑主要是通过解析操作员站下发的配置文件或读取控制参数来完成的。控制参数是指控制域设备在运行过程中能够调节的参数变量，用于提升控制精度，例如，比例控制器、积分控制器和微分控制器分别需要调优比例、积分和微分参数。

## 5.2.3　物理域白状态

物理域状态是指物理域设备和被控物理对象的状态。物理域白状态模型旨在描述物理域状态正常变化时所遵循的客观规律。在理想情况下，物理域状态应时刻处于工艺流程所规定的预期状态；然而在实际情况下，物理域状态不可避免地受到物理扰动的影响，导致偏离预期状态，但一定程度的状态偏离对于业务流程来说是可以接受的。因此，物理域白状态由工艺流程与合理的物理扰动共同决定，物理域白状态模型由工艺流程模型与物理扰动模型构成。

**工艺流程模型**　该模型是对工艺流程的数学表达，它描述了物理对象状态和执行器状态的预期变化模式。工艺流程在工业控制系统设计阶段已经确定，主要由控制逻辑、物理过程模型构成，其中控制逻辑决定执行器状态变化，而执行器加工动作和物理过程定律决定了物理对象状态变化。具体而言，控制域设备将物理对象当前时刻状态作为输入，根据预设的控制逻辑操纵执行器实施下一步加工；执行器执行加工动作后，物理对象状态根据客观的物理过程定律发生改变。

工艺流程模型的构建方法如下：通过分析工程师所编写的控制程序，并提取程序中的控制规则及参数，构建控制逻辑模型；结合物理化学规律，对电气系统、机械系统等特定物理对象进行机理建模，构建物理过程模型。

**物理扰动模型**　该模型是对可容忍物理扰动的数学表达，描述物理域状态偏离的可容忍数值区间。不同物理对象的扰动机理各不相同，例如，电气系统的扰动机理涉及电场环境、磁场环境、用电负荷等因素；机械系统的扰动机理涉及机械部件状态、物料特性等因素；化工系统的扰动机理涉及催化剂、原料特性等因素。特定物理对象的扰动机理通常由相应领域的工艺工程师提供。物理扰动模型的构建方法是结合特定场景的物理扰动机理和业务需求，对物理域状态偏离的可容忍度进行数学描述，包括简单阈值模型、控制图模型、假设检验模型等。简单阈值模型根据可容忍的最大扰动值设定扰动阈值。控制图模型（如累积和控制图、指数加权移动平均控制图等）额外考虑了扰动在时间维度上的累积效应，通过将时间窗内的历史偏差加以累积来准确描述扰动的可承受范围。假设检验模型（如卡方检验、T 方检验等）通过假设物理扰动整体服从特定分布，进而结合该分布描述扰动的可承受范围。

# 5.3　防　御　技　术

## 5.3.1　抑制技术

（1）功能安全与信息安全融合技术

工业控制系统是功能安全优先的系统，在自身全生命周期中融入了各类功能安全机制，如系统功能建模与验证、冗余异构软/硬件架构、故障监测等。功能安全机制与信息安全机制之间存在冲突性和互补性[18]。冲突性在于两者在计算、存储和传输等资源上产生冲突，信息安全机制影响工业控制系统的可靠性、实时性等功能安全要求，还可能会错误阻断功能安全机制的执行。互补性在于功能安全机制对于攻击者对物理域的破坏同样具有防御效果。例如，功能安全的故障监测机制可有效检测常见的物理域破坏，信息安全的物理域异常监测机制可以进一步检测人为蓄意的、更隐蔽的物理域破坏。功能安全与信息安全融合（简称两安融合）可减轻或消除两安机制的冲突，并共同防御物理域破坏。两安融合在实现上可分为设备级融合和系统级融合。

实施设备级两安融合的流程包括：①功能安全脆弱性分析：攻击者需突破工业控制系统中的功能安全机制才能够造成物理域的破坏，因此需细化分析功能安全机制的信息安全脆弱性，并针对性地实施信息安全增强。②信息安全增强机制的轻量化设计：面向功能安全脆弱性的防范，设计轻量化的信息安全增强机制，如依据具体场景对信息安全机制实施模块化分解，并分布式部署于功能安全模块之中。③信息安全内置的功能安全架构：针对两安机制的资源冲突，以及信息安全可能带来的可靠性、实时性不利因素，调整工控软/硬件架构以增加适配性。

系统级的两安融合从工业控制系统全局角度综合评估功能安全与信息安全风险，统一功能安全与信息安全的风险评估标准，设计系统级信息安全机制，在功能安全约束下，平衡两安机制的资源需求。系统级两安融合方法包括采用两安风险一体化的评估方法；在功能安全相关系统与基本控制系统之间额外部署信息安全监测机制，对比两个系统的监测数据发现异常情况；采用安全网关等外挂式载体，为信息安全机制提供资源。

（2）欺骗服务技术

欺骗服务技术通过构建虚拟的或虚实结合的工控设备与系统虚假目标，以服务方式引诱攻击者并与其持续互动，从而捕获攻击行为，或延迟攻击者对真实目标的网络攻击。欺骗服务技术的难点是虚假目标能够诱捕攻击者且不被识破，以及不被攻击者作为攻击跳板加以利用。因此，欺骗服务技术不仅要构建虚假物理域设备、虚假控制域设备、虚假信息域设备，而且要构造虚假的数据流和控制流，模拟业务流程的正常数据交互。

信息域欺骗服务技术通过构建具有工业控制业务处理功能的虚假计算机和服务器引诱攻击者。为了提升虚假设备内部模块的真实性，在虚拟设备中部署常用的基础软件和通信协议组件，运行业务流程需要的工业组态软件，提升人机交互体验的真实度，诱骗攻击者持续实施操作。

控制域欺骗服务技术是基于具体业务场景和控制域白逻辑构建虚拟的或虚实结合的虚假控制域设备，引诱攻击者向虚假控制域设备持续发起渗透和操纵。在控制组态仿真方面，依据控制组态的白逻辑模型，虚假控制器中运行的仿真控制组态具有高仿真度；在控制指令交互方面，虚假控制器运行控制协议解析与执行模块，响应攻击者的查询和控制操作；对于无法仿真的操作或无法解析的私有协议，可考虑部署虚实结合的控制域设备。

物理域欺骗服务技术构建虚假的物理域设备及其运行状态，响应和反馈攻击者对物理域设备的操控行为。虚假物理域设备可以是真实设备，也可以是虚实结合设备或仿真模型，对攻击者而言，可观察到真实设备指纹，并得到对操作行为的正确反馈。为模拟工业控制系统的信息物理融合特性，物理域虚假设备与控制域虚假设备往往是高度集成的，即虚假控制器可根据攻击者的指令操控虚假物理域设备，并将虚假物理域设备上传的虚假状态反馈给攻击者。

## 5.3.2　监测技术

异常监测是攻击发现与响应的基础。监测技术结合工控网络攻击路径，基于白基线知识库在三域上分别构建异常监测模型，实现对物理域干扰与破坏在其"征兆期"的及时发现。工业控制系统异常监测策略是利用信息域和控制域异常监测尽早发现潜在的信息域渗透和控制域篡改行为，利用物理域状态异常监测发现未能阻断的网络攻击，利用三域协同监测进一步提升攻击监测的准确性。

（1）信息域行为异常监测技术

工业控制系统信息域设备包括服务器和计算机终端等，在硬件形态、操作系统等方面与传统信息设备相同，不同之处在于信息域设备应用软件固定、操作人员确定、操作行为遵循业务流程，可构建用于异常监测的白名单模型。攻击者往往将信息域作为攻击入口，通过攻击信息域并横向移动至控制域设备的上位机，进而渗透并篡改控制域设备的运行逻辑。通过信息域的异常行为监测可尽早发现攻击。信息域监测技术包括主机行为监测技术和网络行为监测技术。

工业主机行为监测[19]通过构建信息域设备操作行为的白名单，检测异常进程启动与异常系统配置等行为。主机白名单包括工业软件白名单与系统配置白名单等。工业软件白名单的构建基于工业软件知识库，对于未在知识库中的新型工业软件，对其可执行文件、库文件、程序配置文件等生成数字签名，并将签名加入白名单。系统配置白名单的构建是在主机投入使用前，对用户账户、用户权限、安全选项等配置进行静态分析与记录。在实时监测阶段，通过对比信息域设备的软件进程调用文件、配置参数是否与主机白名单内容一致，判断设备是否运行恶意代码或发生配置篡改。

工控网络流量监测[20]旨在发现异常网络流量和操作，及时识别横向移动、病毒传播等跨域攻击预兆。由工业控制业务流程确定性所带来的网络流量及行为确定性，可形成工控网络流量白名单。网络流量白名单的构建一般结合网络连接特征和网络操作特征。网络连接特征包括连接五元组、流量大小、流量分布等；网络操作特征包括操作指令、指令参数、值域范围、操作频次等。在实时监测阶段，通过实时解析网络流量并与白名单内容进行比对，实现对异常网络流量的监测。

（2）控制域逻辑异常监测技术

工控攻击的核心是通过篡改控制设备的运行逻辑或配置参数达到干扰或破坏物理域的目的，控制域逻辑异常监测是工控攻击监测的关键技术，旨在监测控制设备是否执行预设的控制逻辑。控制域逻辑异常监测通常包括控制设备的白逻辑构建和执行逻辑在线监测两部分，其核心难点在于如何从业务逻辑和控制程序中准确提取控制白逻辑。

在白逻辑构建阶段，通过分析工程师提供的控制程序源代码和配置文件，利用词法分析、语法分析和语义分析获得控制过程的输入/输出和内存变量及其取值范围，以及输入和输出之间的逻辑与时序关系[21-22]。若控制程序无法通过常规的程序分析技术处理，则需要将其转换成高级语言（如 C 语言）或中间层语言。

在执行逻辑在线监测阶段，通过抓取控制域网络流量或主动向控制域设备发送轮询请求等方式，实时采集控制域设备输入/输出端口和内存变量的数值；通过检查这些端口和变量的数值是否合理、输入和输出之间的逻辑关系是否与白逻辑一致，以及配置参数是否改变等方式，判断控制逻辑是否被篡改。

（3）物理域状态异常监测技术

物理域状态异常监测技术旨在判断工业控制系统物理域状态是否存在不可容忍的异常偏离或突发异常。物理域状态异常监测通常包括安全基线构建和状态实时监测两部分。基于物理域白状态知识库构建物理域状态的异常监测基线，在工业控制系统运行期间持续采集和分析物理域实际状态，当实际状态与预期状态的偏差突发异常或超出设定值时触发监测告警[23]。

在模型构建阶段，物理域状态异常监测技术基于物理域白状态知识库中的工艺流程和物理扰动模型，结合工业控制系统的物理域状态历史数据、控制逻辑等多元信息，利用机器学习、机理建模等方式构建物理域白状态模型。物理域白状态模型包括预期状态模型与异常判别模型，其中预期状态模型由工艺流程决定，用于计算物理域当前状态相较预期状态的偏差值；异常判别模型则描述物理对象的物理扰动机理，用于判别物理域状态偏差是否属于可容忍的扰动。

在状态监测阶段，通过部署的传感器实时采集和分析物理域状态，预期状态模型将前一时刻的物理域状态作为输入，估算物理域状态在当前时刻的预期值，并将当前时刻的物理域状态值与预期值的差值作为物理域状态偏差。异常判别模型将物理域状态偏差作为输入，通过分析一段时间内的状态偏差是否突发异常或是否在可容忍范围内，决定是否触发异常报警。

（4）三域协同监测技术

工控攻击贯穿三域，通过信息域入侵、横向移动并渗透到控制域、篡改控制逻辑或参数在物理域达到攻击目的。在三域独立实施监测，存在难以识别跨域业务流程异常、难以区分攻击和故障、难以溯源攻击路径等局限。三域协同监测从全局和全流程的角度出发，通过监控三域全业务流程发现时序异常、对比监测结果以识别异常致因、综合分析三域告警追溯攻击源[24-25]。

业务流程异常监测技术针对关键跨域业务流程，将三域业务流程数据融合分析，构建业务流程的异常时序监测模型。在监测模型构建阶段，选取关键业务流程涉及的三域业务数据作为监测模型的输入，以时序深度学习等方式生成异常时序监测模型。在业务流程监测阶段，持续收集和分析三域业务数据，以发现违反业务流程时序的设备间交互行为。

异常致因识别技术通过综合对比三域异常监测结果和两安（功能安全与信息安全）监测结果，判断当前物理域异常是由攻击引起的还是由故障引起的。网络攻击往往为突发事件且存在横向移动、跨域渗透、数据篡改等攻击链条，而故障往往由渐变老化过程引起且功能安全相关系统可有效监测。基于以上特性，当物理域状态出现异常时，可进行多重致因分析：通过综合分析对比三域异常告警，判断当前异常事件是否存在攻击链条；通过分析对比功能安全相关系统与基本过程控制系统的监测数据，如出现显著不一致，则可能发生数据篡改行为；通过事先建立故障库，对比物理域异常状态与故障特征，判断是否发生已知故障。

攻击溯源技术通过综合分析三域安全告警，追踪攻击的软/硬件起源和跨域渗透路径等。在设计阶段，可基于白基线知识库，针对特定工业控制系统凝练主客体关系、跨域路径、业务关系、潜在攻击链等，形成溯源模型。在运行阶段，可利用溯源模型对三域安全告警进行综合关联分析，梳理告警之间的逻辑关系，实现对攻击的精准溯源。

### 5.3.3　调控技术

调控技术以物理域告警的优先响应、潜在风险的预先防范为指导思想，对异常操作和网络攻击实施三域协同响应，进一步结合业务流程、威胁情报进行安全策略的动态调控和全局优化，防御新型网络攻击并提升整体防御能力。核心技术采用三域协同响应、靶向式全局策略优化调控等。

（1）三域协同响应

三域协同响应技术旨在及时响应物理域异常，当监测到网络攻击时，在三域中协同响应和阻断攻击。三域协同响应技术包括告警响应和协同反制。

**告警响应**　该技术优先响应物理域告警，及时避免物理域干扰与破坏的发生。核心思想包括定位导致物理域异常的控制域设备，拦截其恶意控制指令并接管其控制权限；结合物理域白状态模型估算的物理域预期状态，发送控制指令将物理域异常状态调节为预期状态；将物理域告警信息同步至功能安全相关系统，通过触发必要的功能安全措施避免物理域安全事故发生；通过综合调控三域安全措施的优先级，优先保障告警响应措施的及时执行。

**协同反制**　该技术基于攻击溯源结果，协调三域内安全措施对攻击源进行欺骗与隔离、对攻击路径进行阻断。核心思想包括协调三域欺骗服务措施，与攻击者持续交互，收集和分析攻击行为并延缓攻击进程；协调三域访问控制措施，阻断攻击源的跨域连接路径，并将攻击流量引导至欺骗服务系统。

（2）靶向式全局策略优化调控

靶向式全局策略优化调控通过分析全局安全日志和威胁情报，形成全局最优的安全策略集合，并下发给相关设备。核心技术包括策略靶向式生成和策略全局优化。

**策略靶向式生成**　该技术面向新型攻击和风险靶向式生成安全策略，及时应对工业控制系统新风险。工业控制系统安全风险与业务逻辑、拓扑、资产等要素相关，当工业控制系统配置发生改变时风险点可能随之改变，需要针对性调整安全策略。核心技术包括在配置变更或发现新型攻击时，重新实施三域一体化风险评估，及时发现三域安全风险点；深度分析新型攻击样本和外部威胁情报，获取攻击新特征；以三域风险点和攻击新特征为靶向，生成新的安全防御策略并下发。

**策略全局优化**　该技术通过事件触发或定期重新评估来调整全局安全策略的有效性，基于业务流程和风险系统优化防御体系的安全策略。工业控制系统生命周期长，其安全策略在迭代调整过程中易出现冗余、低效，甚至出现策略冲突，因此需要及时评估和优化全局安全策略。核心技术包括全面分析三域内的资产、拓扑、业务逻辑等信息，以及生产日志和安全日志，从而评估整体安全策略的有效性，并结合风险点重新布局和优化安全策略。

# 第6章 物理域安全优先的工业控制系统主动防御实践

智能制造通过融合信息技术、自动化技术和先进制造技术，实现了制造过程的智能化，广泛应用于航空航天、车辆制造、船舶建造等关键行业。利用物理域安全优先的工业控制系统防御体系保障智能制造工业控制系统的网络安全，具有重要的科学意义和应用价值。

## 6.1　面向智能制造的智能生产线

### 6.1.1　智能生产线的网络拓扑

智能生产线是智能制造场景下的典型工业控制系统。数控机床是智能生产线中的核心设备，基于减材制造原理，根据控制程序自动完成机械零件的高精密加工。数控机床由数控系统、主轴系统、进给系统和床身组成。其中，数控系统是机床的"大脑"，通过程序控制机床的加工过程；主轴系统负责控制刀具旋转，在工件表面产生切削形成新的表面；进给系统包含 X、Y、Z 等多个进给轴，负责控制刀具与工件之间的相对运动。刀具与工件接触部分在工件表面走出一条加工轨迹，所有加工轨迹形成的包络构成了工件加工表面。

数控系统是使用数值控制的系统，在运行过程中不断地引入数值数据，以实现机床加工过程的自动控制[26]。数控系统包括人机交互界面（HMI）、数控装置和伺服系统等部件，其中 HMI 为用户提供操作机床、编辑 NC 代码和状态监视等人机交互功能；数控装置结合配置文件执行 NC 代码，通过插补运算获得运动指令；伺服驱动系统负责执行运动指令，精确控制机床的运动。

　　面向数控加工的智能生产线层次模型如图 6-1 所示。工艺工程师根据业务流程和零件参数，利用计算机辅助制造（CAM）等设计软件编写数控系统运行的 NC 代码，并通过分布式数字控制（DNC）系统下发

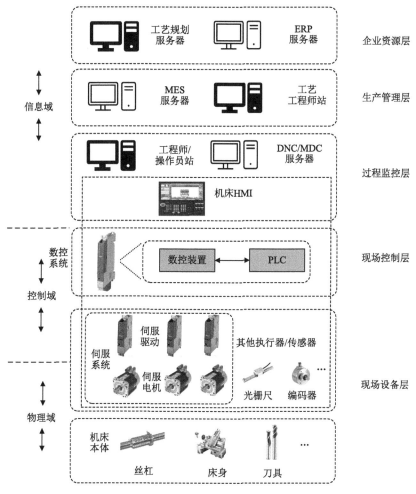

图 6-1　面向数控加工的智能生产线层次模型

给数控机床；数控机床基于 NC 代码控制刀具和工件之间的相对运动，
完成给定的加工任务；工程师站远程操作配置文件并下发到数控机床
中，对系统参数[如插补周期、比例-积分-微分（PID）参数等]进行配
置；制造数据采集（MDC）服务器实时采集数控机床的运行状态和加
工数据，供操作人员监视和调控加工过程。

## 6.1.2　数控机床的工作原理

数控机床的工作流程可概括如下：工艺工程师将 NC 代码和配置参
数下发到数控机床后，数控装置根据 NC 代码和配置参数生成运动指令，
在伺服驱动中闭环控制算法的调控作用下，驱动现场设备层的电机、驱
动轴等执行器，控制刀具与工件之间的相对运动，完成程序规定的加工
任务[27]。本节以配备西门子 840D_sl 系统的数控机床为例，介绍数控系
统的加工业务流程，如图 6-2 所示。

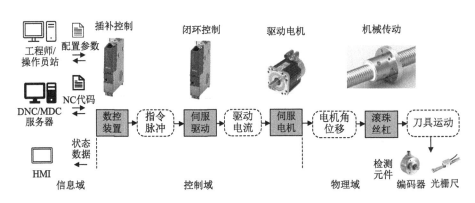

图 6-2　西门子 840D_sl 系统的加工业务流程

（1）刀具轨迹的数字化表示：NC 代码

NC 代码由一系列代码和数据组成，定义了机床刀具的运动参数和
轨迹。常用的 NC 编程语言由 G 指令和几何坐标值组成。G 指令控制刀

具的运动模式或操作功能，比如走直线（G01）、走弧线（G02）。几何坐标值表示刀具的运动位置，例如，程序"G01 X10Y10Z10 F500"的含义是控制刀具以 500mm/min 的速度，从当前位置沿直线运动到（10mm,10mm,10mm）坐标点。

（2）刀具轨迹的运动规划：插补计算

数控装置收到的 NC 代码并不是一条完整的直线或圆弧，而是一些表征相关曲线的特征参数。直线的特征参数是两端点的坐标；圆弧的特征参数是圆弧的起点、终点、半径、圆心以及顺圆或逆圆。刀具的实际运动轨迹基于这些曲线特征通过插补计算转换为一系列微小线段或圆弧。数控装置的配置参数决定了轨迹规划的拟合精度。数控装置根据 NC 代码和配置参数计算出这些曲线上的坐标点（插补点），并分别向各坐标轴对应的伺服系统发出进给运动的位置指令，从而逼近理想的刀具运动轨迹。

（3）刀具轨迹的驱动与调节：伺服控制

数控系统插补计算产生的刀具轨迹点，是机床刀具在给定时刻的期望位置。机床的刀具运动是否达到期望位置，依赖于伺服控制系统的执行。伺服系统中的闭环控制算法基于插补结果和测量值之间的误差对位置指令进行调节，并通过功率放大器将位置指令放大成控制电机的驱动电流，进而驱动机床刀具产生实际运动。伺服控制算法使机床刀具从上一插补点平稳运动到当前插补点，由此实现两插补点之间的平滑连接。

# 6.2　智能生产线的脆弱性和攻击威胁

## 6.2.1　智能生产线的脆弱性

智能生产线上的信息域设备,如操作员站主机、DNC 服务器和 MES 服务器等往往使用常规的硬件、操作系统和数据库等。运行的软件除计算机辅助设计(CAD)、CAM 等专用工控软件外,还有大量的常规软件,如 Office 办公软件等。与一般的信息技术系统一样,智能生产线信息域设备的操作系统和软件存在常见的已知漏洞。

智能生产线上控制域设备的生命周期长,其操作系统和应用服务往往得不到及时的安全更新,存在已知和未知的安全漏洞。同时,数控机床为满足系统的实时性和可用性要求通常使用实时操作系统,在资源受限和时间敏感的环境下,安全防护措施可能不足。数控机床通常使用基于传输控制协议/互联网协议(TCP/IP)的专用通信协议,用于传输 NC 代码和状态数据。这些协议在设计或实现上往往存在安全缺陷和漏洞。

数控系统使用数字控制信号来控制电机的旋转,进而控制刀具的运动轨迹和进给速度。这些关键的控制信号容易受到电磁干扰的影响,从而干扰刀具的运动。传感器读数更是可能通过传感器信号注入的方式被篡改,进而干扰数控系统的控制过程,降低产品加工精度甚至破坏机床。

## 6.2.2　智能生产线的攻击威胁

智能生产线上信息域设备的脆弱性使其成为攻击者的入口。攻击者利用信息域设备漏洞提升权限,并使用这些设备作为跳板,对数控机床等控制域设备实施程序或数据篡改，从而破坏加工过程。典型的攻击方式包括 NC 代码篡改和配置参数篡改。

篡改 NC 代码会导致严重的物理破坏后果。NC 代码通常在网络和系统内部以明文方式进行传输和存储，攻击者通过中间人攻击、窃取和篡改 NC 代码。攻击者可以通过篡改 NC 代码中的指定内容，影响刀具运动轨迹，进而影响工件表面的加工质量，从而达到降低生产品质并影响工件寿命的目的[28]。

数控系统通过执行插补和 PID 算法，将 NC 代码解释为电机的运动命令。插补周期、PID 系数等配置参数对于保证这些算法的准确性和稳定性至关重要。这些配置参数可以通过网络进行远程配置。诸多数控机床使用的通信协议（如 S7Comm、Focas 等）没有防重放机制，易被重放攻击远程修改配置参数[28]。

## 6.2.3 智能生产线的攻击效果

针对智能生产线的攻击按照攻击效果可以分类为物理破坏类攻击和信息泄露类攻击。物理破坏类攻击可降低加工工件的质量，例如，通过在内部制造裂纹或提升表面粗糙等方式，造成工件的隐蔽缺陷，实现对工件质量的操纵[29-31]。物理破坏类攻击也可导致机床自身损坏，甚至影响操作员的人身安全，例如，通过加速机床刀具的磨损，引发撞轴断刀等事故，破坏数控系统的完整性[28]。信息泄露类攻击可非法地获取数控加工过程中的加工程序、工件参数等信息，达到窃取机密信息的目的，破坏数控系统的机密性[32]。

# 6.3　物理域安全优先的智能生产线防御实践

## 6.3.1　白基线知识库的构建

（1）信息域白名单

信息域白名单包括主机行为白名单和网络行为白名单，用来描述智能生产线信息域设备正常运行时的主机和网络行为模式。

由于智能生产线的任务和业务流程预先设定，其信息域设备的功能和操作流程是确定的，因此设备上安装的常规软件、工控组态软件、配置和软件操作流程等都是确定的，这些因素决定了可执行程序、配置参数和文件交换等主机行为白名单。具体来说，可执行程序白名单包括给定程序列表、程序行为、程序间调用关系等，配置参数白名单包括系统配置、工控组态参数等；文件交换白名单包括通过网口和通用串行总线（USB）口等端口传输的文件等[23]。

智能生产线工程师站或操作员站与数控系统之间的通信协议和信息交互是根据既定的业务流程确定的，因此能够构建网络连接和网络操作等网络行为白名单。其中，网络连接白名单包括系统正常运行时的网络流量大小、流量分布和网络连接五元组等；网络操作白名单包括操作时序、操作频率、操作指令、指令参数、值域范围等。

（2）控制域白逻辑

控制域设备是按照控制逻辑进行操作的。数控机床的控制逻辑包括控制刀具运动的配置参数、NC 代码和控制算法。数控机床基于输入的配置参数和 NC 代码进行数值运算得到刀具运动的轨迹变量，动态控制刀具与工件的相对运动以完成加工过程。

对于给定的智能生产线加工任务，数控机床的配置参数、NC 代码和控制算法是确定的，这些决定了刀具运动的相关变量（如刀具位置、速度、加速度变量等）的取值范围和变化规律，例如，刀具坐标变量的变化范围应当符合 NC 代码和运动限位参数的要求[33]。数控机床的控制白逻辑包括数控系统的配置参数，以及刀具运动相关的变量取值范围和随时间变化的函数表达式等。

（3）物理域白状态

数控机床基于确定的控制逻辑控制多个进给轴协同运动，实现刀具以预期速度沿着期望路径运动，完成切削加工任务。因此，数控加工过程中的期望物理域状态是可预知的。数控加工过程中的物理域白状态代表了数控机床在 NC 代码与配置参数控制下物理域表现的期望状态，如机床的刀具运动状态、工况状态等[34]，这些物理域状态都是可观测的物理量，例如，特定时刻刀具的期望位置 $p$、速度 $v$ 和加速度值 $a$。

数控机床刀具运动状态的提取过程如图 6-3 所示。根据机床的 NC

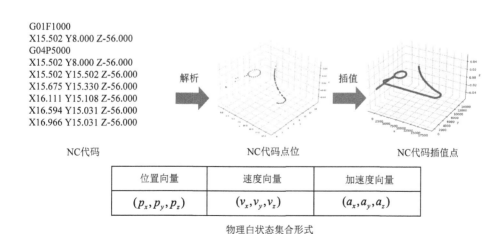

| 位置向量 | 速度向量 | 加速度向量 |
|---|---|---|
| $(p_x, p_y, p_z)$ | $(v_x, v_y, v_z)$ | $(a_x, a_y, a_z)$ |

物理白状态集合形式

图 6-3　数控机床刀具运动状态的提取过程

代码，首先通过词法分析、语法分析将 NC 代码解析为刀具位置参数，这些位置参数描述了刀具轨迹曲线的特征点信息，如直线的起点和终点；为进一步提高轨迹的精度，结合目标系统所使用的配置参数，使用数据插值算法对期望轨迹的点位进行密化；最后，根据插补得到的位置序列 $p$，执行差分操作得到细粒度的位置、速度和加速度白状态集合。

## 6.3.2　抑制类技术实践

（1）欺骗服务技术

欺骗服务能够诱骗攻击者并发现潜在的攻击行为，延缓对保护目标的攻击。在智能生产线上的三域部署欺骗服务系统，通过迷惑攻击者可以达到抑制攻击的目的[35-36]。

在信息域，构建智能生产线工程师站和应用系统的蜜罐系统，在常规服务器和计算机上安装生产线相关应用软件，模拟软件使用过程中的操作记录和使用痕迹，并在蜜罐系统之间进行联动仿真，模拟生产线上各个设备之间的交互行为。另外，由于智能生产线的信息域通常是网络攻击的入口点，并成为攻击前扫描和探测的重点区域，可部署开放多种协议端口的全能蜜罐，根据探测行为及时发现潜在的攻击者。

在控制域和物理域，部署数控机床的蜜罐系统，仿真机床的软/硬件信息、操作行为和物理状态等。数控机床的蜜罐系统涉及设备层、网络层、指令层、业务层、物理层等多个维度。在设备层构造数控机床的厂商、型号和版本等设备指纹信息，在网络层构造 IP 地址、端口、MAC 地址等网络信息，在指令层仿真基于数控机床通信协议的启停、读写、刀具运动等控制指令的执行结果，在业务层仿真执行环境或控制程序的运行状态。网络攻击要造成数控机床物理域状态的改变，在物理层建立描述刀具运动的运动学模型，根据攻击指令计算出数控加工的物理状态，实现物理域欺骗服务与控制域欺骗服务的联动，增强欺骗服务的真实性。

（2）功能安全与信息安全融合技术

内生式两安融合技术通过将轻量化的可信计算机制内置于数控机床的软件架构之中，形成安全内生的数控机床，实现数控机床的代码运行环境强隔离、代码运行过程可监控。通过改造数控机床中的 NC 代码解释器，使其在解析和编译 NC 代码时，将内存读写范围设置在禁止其他进程读写的、预先设定的内存空间，形成内存空间隔离的 NC 代码可信执行环境；将轻量化的内存读写校验机制内置于可信执行环境，通过持续校验 NC 代码执行进程中的内存读写行为，确保该进程仅能够对特定内存地址写入预设区间内的数值[37]。

目前高端数控机床依赖国外进口，同时遗留大量老旧的数控机床，这些国外和遗留机床无法在内部安装安全防护措施，只能采用外挂式两安融合技术，通过网口外挂的安全网关对机床与外接设备进行逻辑隔离。机床安全网关不仅能执行 NC 代码审计、恶意代码检测和流量审计等安全功能，还能利用访问控制和端口管控措施在不影响机床正常操作的前提下，实现接入设备的认证以及机床网口、串口和USB 口的管控。

## 6.3.3　监测类技术实践

（1）信息域监测技术

信息域安全监测基于主机行为白名单和网络行为白名单，实时采集主机日志和网络流量，通过与信息域白名单进行比较，判断信息域是否被攻击。

主机行为监测技术的实践方式是在智能生产线的信息域设备中部署日志采集工具，采集上位机和服务器中运行的进程信息、配置信息和文件系统的修改操作记录等；并基于可执行程序、配置参数和文件交换等主机行为白名单判断采集的数据是否符合正常的业务流程。网络行为监测技术的实践方式是在智能生产线的网络交换机上部署网络探针，采集各个上位机和服务器之间的通信流量，实时分析网络流量大小、流量分布和网络连接五元组特征；并基于网络连接白名单发现异常连接行为，对工控协议进行深度解析，提取网络流量的操作指令、指令参数、值域范围、操作频率、操作时序等特征，将解析结果与网络行为白名单进行比对，从而发现异常操作行为。

（2）控制域监测技术

控制域安全监测基于数控系统的控制域白逻辑，采用主动轮询的方式读取数控系统内部的配置参数表和指定内存地址的变量值，通过与数控系统的白逻辑进行比较，判断控制逻辑是否被篡改[33]。

在数据监测阶段，基于对工控协议的逆向分析，构造参数和变量读取数据包，按一定的周期轮询目标数控系统的配置参数（如插补周期、加减速时间常数、PID 系数等），以及指定内存区域的变量值（如刀具位置变量、刀具速度变量、刀具加速度变量等）。在异常判别阶段，对比实时采集的配置参数与数控系统白逻辑中参数表是否一致，判断目标数控系统的配置参数是否被篡改，以及将实时采集的刀具运动相关变量值代入白逻辑对应的函数表达式，对比相关变量的取值范围并判断是否满足函数表达式，进而确定目标数控系统的 NC 代码和控制算法是否被篡改。

（3）物理域监测技术

物理域安全监测基于数控加工过程的刀具运动白状态，利用解码光栅尺的监测信号，实现高频率、高精度的物理域状态采集，通过对比观测和期望的物理域状态，实时发现物理域状态异常。

在数据监测阶段，通过旁路监测机床内部光栅尺传感器信号线的电压信号，解码光栅尺数据传输协议，基于位置-电压映射表实时计算刀具位置监测数据，并通过差分计算得到刀具运动的速度和加速度监测值。位置-电压映射表的构建方式是编写 NC 程序使各个进给轴以固定的步进距离（如 1μm）移动，并记录不同位置点对应的光栅尺电压信号。

在异常判别阶段，首先基于空间最近邻搜索算法匹配观测点与白状态集合中距离最近的目标点，计算观测点与目标点之间的位置、速度和加速度的偏差值；进而基于预先设置的滑动窗口阈值，判别观测点的位置、速度和加速度等属性是否有异常。如果出现物理域异常报警，将其与信息域、控制域报警协同分析，综合判断物理域异常是由故障还是攻击引起。

## 6.3.4　调控类技术实践

（1）三域协同技术

三域协同技术基于信息域、控制域和物理域的告警信息，利用攻击溯源模型追溯攻击路径，及时生成三域协同的防护策略，实现“一点发现、多点联动”的联防联控机制。通过三域安全告警进行融合关联分析，形成攻击溯源结果，包括攻击发起源和攻击路径；根据三域安全告警和攻击溯源结果，综合调控三域响应措施，在物理域优先采取响应措施，通过紧急中止加工过程或将异常刀具轨迹调节为预期状态等方式，避免加工过程中的干扰和机床损坏；沿攻击路径对攻击发起源实施体系化反制，在控制域实时调控工控机床安全网关、可信计算模块、机床蜜罐等抑制类机制的协同策略，在信息域实时调控工业主机蜜罐、工业主机软件沙箱等抑制类机制的协同策略。

（2）靶向式策略调控技术

靶向式策略调控技术利用数控安全"智慧大脑"，以策略有效性、三域风险点和攻击新特征为靶向，自动生成全局最优的安全防御策略并下发[38]。数控安全"智慧大脑"是基于数控业务知识图谱、设备图谱和工业安全情报等构建起来的数控业务安全知识系统，其核心能力包括通过分析业务逻辑、资产信息、生产日志、安全日志等来评估安全策略的整体有效性；在配置变更或发现新型攻击时，自动实施风险评估以发现三域安全风险点[39]；深度分析外部威胁情报，及时获取攻击新特征；结合策略有效性、三域风险点和攻击新特征，利用优化算法生成全局最优的安全策略，并下发至三域中的各类防御机制。

# 第7章 结 语

工业控制系统日益成为国家间网络空间博弈的核心战场,我国部分高端控制设备和器件依赖国外,"被后门""被漏洞"风险严峻,如何在漏洞后门不可避免、未知攻击不可避免的现状下实施有效防御,是我国工业控制系统面临的挑战。物理域安全优先的工业控制系统主动防御深入工控攻击的本质,以防止攻击者干扰或破坏物理域为目标牵引,对防御机制进行体系化突破,将被动监测转变为物理域优先的三域协同监测,将被动防御转变为对抗式三域协同主动防御,从而有效应对我国工业控制系统的安全挑战。物理域安全优先的工业控制系统主动防御通过阻止工控攻击在物理域产生实际效果,形成对未知隐蔽攻击的"最后防线",是对现有防御体系的有力补充,具有广泛的应用价值和重大的现实意义。

本书提出了物理域安全优先的主动防御在智能生产线场景下的实践案例,工业控制系统多样异构,主动防御技术体系需要在持续的实践中提升自身可落地性。白基线知识库、防御技术、测评技术的内涵也将随着网络安全技术的发展持续得到充实和完善。

# 参 考 文 献

[1]  IEC 62443-3-3—2013, Industrial communication networks-Network and system security-Part 3-3: System security requirements and security levels[S].

[2]  IEC 62264-1—2013, Enterprise-control system integration-Part 1: Models and terminology[S].

[3]  GB/T 22239—2019，信息安全技术　网络安全等级保护基本要求[S].

[4]  IEC 61511, Functional Safety-Safety Instrumented Systems for the Process Industry Sector [S].

[5]  IEC 61508-1—2010, Functional safety of electrical/electronic/programmable electronic safety-related systems-Part 1: General requirements[S].

[6]  刘俊娇，潘志文，孙利民，等. 工业控制系统攻击与检测技术研究[J]. https://jcs.iie.ac.cn/xxaqxb/ch/reader/view_abstract.aspx?file_no=202106190000001.

[7]  LANGNER R. Stuxnet: Dissecting a cyberwarfare weapon[J]. IEEE Security & Privacy, 2011, 9(3): 49-51.

[8]  MIDNIGHT BLUE. Analyzing the TRITON industrial malware[R/OL]. (2018-01-16) [2023-05-27]. https://www.midnightbluelabs.com/blog/2018/1/16/analyzing-the-triton-industrial-malware.

[9]  KALLE S, AMEEN N, YOO H, et al. CLIK on PLCs! Attacking control logic with decompilation and virtual PLC[C]// Proceedings 2019 Workshop on Binary Analysis Research. San Diego, CA: Internet Society, 2019:1-12.

[10]  GARCIA L A, BRASSER F, CINTUGLU M H, et al. Hey, My malware knows physics! Attacking PLCs with physical model aware rootkit[C]// Proceedings 2017 Network and Distributed System Security Symposium. San Diego, CA: Internet Society, 2017:1-12.

[11]  NORTHCUTT S, ZELTSER L, WINTERS S, et al. Inside network perimeter security [M]. 2nd ed. Indianapolis: Sams, 2005.

[12]  NIST SP 800-82, Guide to Operational Technology (OT) Security[S].

[13]  LEI C, ZHANG H Q, TAN J L, et al. Moving target defense techniques: A survey[J]. Security and Communication Networks, 2018(2):1-25.

[14]  ATTIVO NETWORKS. Using mitre engage to defend against ransomware [R/OL]. (2022-08-11) [2024-03-10]. https://www.attivonetworks.com/wp-content/uploads/sites/13/documentation/Attivo_Networks-Ransomware_Engage.pdf.

[15]  胡俊，沈昌祥，公备. 可信计算 3.0 工程初步[M]. 北京：人民邮电出版社，2019.

[16]  史密斯. 可信计算平台：设计与应用[M]. 冯登国，徐震，张立武，译，北京：清华大学出版社，2006.

[17]  孟丹，侯锐，于爱民，等. 网络空间内置式主动防御[M]. 北京：科学出版社，2021.

[18] 刘圕卓，马叶桐，孙利民，等. 工业控制系统功能安全和信息安全融合研究综述[J]. 信息安全学报，2021. DOI：10.19363/J.cnki.cn10-1380/tn.2023.06.15

[19] LIU M, XUE Z, XU X H, et al. Host-based intrusion detection system with system calls: Review and future trends[J]. ACM computing surveys (CSUR), 2018, 51(5): 1-36.

[20] 方栋梁，刘圕卓，孙利民，等. 工业控制系统协议安全综述[J]. 计算机研究与发展，2022，59(5): 978-993.

[21] LIU J I, LIN X D, SUN L M, et al. ShadowPLCs: A novel scheme for remote detection of industrial process control attacks[J]. IEEE Transactions on Dependable and Secure Computing, 2020, 19(3): 2054-2069.

[22] YANG K, LI Q, SUN L M, et al. iFinger: Intrusion detection in industrial control systems via register-based fingerprinting[J]. IEEE Journal on Selected Areas in Communications, 2020, 38(5): 955-967.

[23] URBINA D I, GIRALDO J A, CARDENAS A A, et al. Limiting the impact of stealthy attacks on industrial control systems[C]// Proceedings of the 2016 ACM SIGSAC conference on computer and communications security. Vienna, Austria: ACM, 2016: 1092-1105.

[24] GB/T 41262—2022，工业控制系统的信息物理融合异常检测系统技术要求[S].

[25] ZHOU M, LV S C, SUN L M, et al. SCTM: A multi-view detecting approach against industrial control systems attacks[C]// ICC 2019-2019 IEEE International Conference on Communications (ICC). Shanghai, China, IEEE, 2019: 1-6.

[26] GB/T 26220—2010，工业自动化系统与集成 机床数值控制 数控系统通用技术条件[S].

[27] YAMPOLSKIY M, KING W, POPE G, et al. Evaluation of additive and subtractive manufacturing from the security perspective[C]// 11th International Conference on Critical Infrastructure Protection (ICCIP). Tokyo, Japan, Springer International Publishing, 2017: 23-44.

[28] BALDUZZI M, SORTINO F, CASTELLO F, et al. The security risks faced by CNC machines in industry 4.0[R]. Trend Micro, 2022.

[29] WELLS L J, CAMELIO J A, WILLIAMS C B, et al. Cyber-physical security challenges in manufacturing systems[J]. Manufacturing Letters, 2014, 2(2): 74-77.

[30] TURNER H, WHITE J, CAMELIO J A, et al. Bad parts: Are our manufacturing systems at risk of silent cyberattacks?[J]. IEEE Security & Privacy, 2015, 13(3): 40-47.

[31] ELHABASHY A E, WELLS L J, CAMELIO J A, et al. A Cyber-physical attack taxonomy for production systems: A quality control perspective[J]. Journal of Intelligent Manufacturing, 2019, 30: 2489-2504.

[32] GATLIN J, BELIKOVETSKY S, ELOVICI Y, et al. Encryption is futile: Reconstructing 3d-printed models using the power side-channel[C]// Proceedings of the 24th International Symposium on Research in Attacks, Intrusions and Defenses. Donostia/San Sebastian, Spain,

2021: 135-147.

[33] LI Z D, CHEN X, SUN L M, LI S, et al. Detecting cyber-attacks against cyber-physical manufacturing system: A machining process invariant approach[J]. IEEE Internet of Things Journal, 2024: 1-6.

[34] CHHETRI S R, CANEDO A, AL FARUQUE M A. Kcad: Kinetic cyber-attack detection method for cyber-physical additive manufacturing systems[C]// 2016 IEEE/ACM International Conference on Computer-Aided Design (ICCAD). New York. NY. United States, IEEE, 2016: 1-8.

[35] 游建舟, 吕世超, 孙利民, 等. 物联网蜜罐综述[J]. 信息安全学报, 2020, 5(4): 138-156.

[36] YOU J Z, LV S C, SUN L M, et al. Honeyvp: A cost-effective hybrid honeypot architecture for industrial control systems[C]// ICC 2021-IEEE International Conference on Communications. Montreal, Canada, IEEE, 2021: 1-6.

[37] MISHRA T, CHANTEM T, GERDES R. Survey of control-flow integrity techniques for real-time embedded systems[J]. ACM Transactions on Embedded Computing Systems (TECS), 2022, 21(4): 1-32.

[38] 周明, 吕世超, 孙利民, 等. 工业控制系统安全态势感知技术研究[J]. 信息安全学报, 2022, 7(2): 101-119.

[39] YD/T 4215—2023, 工业互联网 数控加工制造系统信息安全风险评估指南[S].